U0350374

中国绿色信贷政策对企业减污降碳绩效的影响研究

武祯妮　著

 中国金融出版社

责任编辑：吕　楠
责任校对：孙　蕊
责任印制：丁淮宾

图书在版编目（CIP）数据

中国绿色信贷政策对企业减污降碳绩效的影响研究 /武祯妮著 . -- 北京：
中国金融出版社，2025.1
ISBN 978-7-5220-2444-8

Ⅰ.①中… Ⅱ.①武… Ⅲ.①信贷政策—影响—企业环境管理—研究—中国
Ⅳ.①X322.2

中国国家版本馆 CIP 数据核字（2024）第 111609 号

中国绿色信贷政策对企业减污降碳绩效的影响研究
ZHONGGUO LÜSE XINDAI ZHENGCE DUI QIYE JIANWU JIANGTAN JIXIAO DE
YINGXIANG YANJIU

出版
发行　中国金融出版社

社址　北京市丰台区益泽路 2 号
市场开发部　（010）66024766，63805472，63439533（传真）
网 上 书 店　www.cfph.cn
　　　　　　（010）66024766，63372837（传真）
读者服务部　（010）66070833，62568380
邮编　100071
经销　新华书店
印刷　北京七彩京通数码快印有限公司
尺寸　169 毫米×239 毫米
印张　12.25
字数　206 千
版次　2025 年 1 月第 1 版
印次　2025 年 1 月第 1 次印刷
定价　89.00 元
ISBN 978-7-5220-2444-8
如出现印装错误本社负责调换　联系电话(010)63263947

内容简介

中国经济发展从"三期叠加"阶段逐渐过渡到了中国式现代化的新发展阶段，在以高质量发展破旧局、解难局、开新局的战略目标驱动下，绿色信贷与减污降碳分别作为我国构建绿色金融系统的主要部分和"双碳·双控"任务以及污染防治攻坚战的目标导向，绿色信贷政策旨在引导微观企业低碳转型，进而驱动宏观经济和环境保护两大战略目标的达成。因此，中国绿色信贷政策的实施能否对异质性企业 CO_2 和主要污染物的排放绩效产生正向和协同的影响，对异质性企业的融资约束效应是否存在政策效果实施差异？如果是，这种影响效应会通过何种机制来传导和发挥？不同阶段绿色信贷政策的实施效果若要达到异质性企业间减污降碳效应的协同，是否会受到其他外部因素的影响来激发其政策效力？我们能否从绿色信贷政策不断优化完善的过程中探索出符合中国式现代化发展要求的企业绿色低碳转型之路？本书试图对上述问题进行回答，以期为企业和银行疏解环境治理困境、加快传统产业清洁低碳转型和完善绿色金融制度体系提供重要的经验支持和决策依据。

本书主要探讨了我国绿色信贷政策对异质性企业减污降碳绩效的作用效果和影响机制渠道。通过阐述相关基础理论、建立多部门一般均衡模型来构建本书的理论框架并对影响机理进行分析。基于2003—2021年我国282个地级市和A股上市公司匹配下的面板数据，构建了强度DID模型、三重差分模型、机制检验模型、调节效应模型等实证模型，对研究假说进行实证论证。本书的创新点主要包括以下三个方面：第一，对研究视角的细化。现有文献关于对绿色信贷政策的研究大多集中于区域层面，较少关注微观企业的减污降碳绩效。而本书对绿色信贷政策的微观减污降碳效应进行重点讨论。第二，对研究对象的测度。本书区别于已有文献对环保绩效的测算方式，采用了 NN-DDF 模型对企业的减污降碳绩效进行测度，该模型在一定程度上有效缓解了传统 DEA 模型技术前沿设定偏误和效率测量有偏的问题，使测算结果更符合实际情况。第三，对作用机制的补充。本书拓展了绿色信贷政策在不同阶段对企业减污降碳绩效发挥政策效力过程中可能存在的宏观、微观层面的影响机制和作用渠道。本书的主要结论如下：

第一，随着绿色信贷政策的不断优化和完善，绿色信贷政策对绿色企业减污降碳绩效的影响体现出协同增效，对棕色企业的减污降碳绩效虽然也存在协同增效的政策影响，但是，每个阶段绿色信贷政策的实施对企业工业 SO_2 排放绩效的促进效果不明显。

第二，中国绿色信贷政策对企业减污降碳绩效的影响存在明显的宏观、微观、中观异质性。其中，在绿色信贷政策构建的初始阶段，在经济发达地区，绿色信贷政策的实施对绿色企业碳排放绩效、工业粉尘排放绩效和工业 SO_2 排放绩效有显著的提升；在企业环境治理方式异质性方面，绿色信贷的实施促进了异质性企业的前端治理成效，且前端治理的效果优于末端治理。在绿色信贷政策构建的发展阶段，绿色信贷政策的实施有效提升了绿色金融发展高水平地区的企业减污降碳绩效，以及对资本密集型行业棕色企业的工业粉尘排放绩效、资源密集型和资本密集型行业绿色企业的碳排放绩效、资本密集型行业绿色企业的工业废水排放绩效具有显著的提升效果，对劳动密集型行业绿色企业的主要污染物排放绩效产生了正向影响效果。从企业所处行业的竞争程度来看，绿色信贷政策的实施对低竞争度棕色企业的碳排放绩效、高竞争度棕色企业的工业粉尘排放绩效和工业 SO_2 排放绩效有一定的提升效果；对低竞争度行业绿色企业的 CO_2 排放绩效的提升效果较好，对高竞争度行业绿色企业的工业废水和工业 SO_2 排放绩效存在正向影响。

第三，从不同阶段绿色信贷政策实施过程可能存在的影响渠道的运行情况来看，对于棕色企业来说，在政策协同效应方面，SO_2 排污权交易——环保信贷政策组合可以有效提升其工业 SO_2 排放绩效，排污费征收上调政策——环保信贷政策组合对其主要污染物排放绩效有明显的提升效果，绿色信贷政策实施对棕色碳交易控排企业的工业 SO_2 排放绩效起到了政策协同效果；绿色信贷政策可以通过影响企业金融资源的间接配置效应、行业间的绿色技术溢出效应来提升其减污降碳绩效。对于绿色企业来说，SO_2 排污权交易——环保信贷政策组合对其碳排放绩效起到了正向促进的效果。此外，绿色信贷政策通过影响企业金融资源的直接配置效应、绿色技术溢出效应来发挥其对绿色企业减污降碳绩效的政策效果；绿色金融试点地区内绿色信贷政策的实施只对其碳排放绩效有显著的正向效果。对于以上两类企业来说，企业数字化转型的调节效应、地区适度的环境污染源监管水平均可有效促进绿色信贷政策对企业减污降碳绩效的正向影响。

第四，在对绿色信贷政策的综合发展阶段实施效果的进一步讨论中得出，央行采取的绿色信贷激励政策在一定程度上有效疏解了绿色企业的融资困境，绿色企业还可以通过扩大债券发行规模和商业信用融资规模来获得额外的资金支持。此外，棕色企业在受到信贷配给约束的情况下，可以通过加大商业信用的融资规模来增加其资金可得性。

第五，本书结合不同阶段绿色信贷政策实施过程中的经验证据，分别对宏观和微观个体提出了建设性建议。在国家和地方政府层面，提出需确立统一科学的绿色信贷授信标准、完善第三方专业认证机构建设、适度加大支持绿色产业发展的财政支出、贯彻落实针对减污降碳领域所制定的一系列税收优惠等政策。在银行层面，提出央行和各地区银行需加快构建数字绿色金融平台、增强绿色信贷业务的商业可持续发展机制、加大对资源密集型行业中绿色项目的倾斜力度、加快货币政策担保品风险防范制度建设等建议。在企业层面，对于棕色企业，提出需将非信贷资金积极投入环保领域，加强企业间的绿色生产和技术交流合作等建议；对于绿色企业，提出需提升其核心竞争力和盈利能力、加快数字化转型进程、通过信息共享渠道来促进企业间的技术交流和协作等建议。

　　本书所涉及研究工作得到了山西省哲学社会科学规划青年课题（2024QN085）、国家自然科学基金项目（项目编号：62306169）、山西省基础研究计划资助项目（项目编号：202203021212499）的资助。

目　录

第一章　绪　论

第一节　研究背景

　　伴随着全球范围内新冠疫情的暴发和复杂多变的国际形势，全球经济面临百年未有之大变局，其对全球经济的负面冲击甚至超过了 2008 年的国际金融危机。而在如此经济寒冬之下，各国仍把全球气候变化治理作为长期重要任务，且多国陆续提出了"碳中和"目标和应对气候风险的规划，并将"绿色"融入疫情后的经济复苏计划中，并纷纷出台"绿色复苏"方案，"绿色复苏"方案中的"减污降碳"引领了全球新一轮工业革命。因此，在当前全球金融体系转向可持续发展模式的新竞争合作态势下，如何实现绿色金融体系构建的范式变革，这些都是决定中国式减污降碳革命能否成功的关键问题。

　　现阶段，我国已从高速增长的"增量时代"过渡到高质量发展的"存量时代"，在不断构建新发展格局中，各地区和各部门在享受着发展和改革红利的同时，也处于转变发展方式、优化经济结构、转换增长动力的攻坚时期，中国区域性、结构性污染问题带来的各种问题日益突出，主要表现在化石能源粗放利用，资源环境约束趋紧，主要污染物排放量仍处于高位，环境质量改善程度欠佳，碳排放的急剧增加触发了一系列气候风险。目前，在全国 337 个地级及以上城市中，仍有 180 个城市环境空气质量超标，约占 53.4%。京津冀及周边地区、长三角地区、汾渭平原三大重点区域单位面积大气污染物排放量为全国平均水平的 3~5 倍，$PM_{2.5}$ 的污染情况没有得到根本性的控制，且臭氧浓度呈缓慢增高的趋势。在异常气候条件的影响下，由 CO_2 排放量过高引发的自然灾害日渐频繁。在水污染方面，我国主要大城市只有 23% 的居民饮用水符合卫生标准，其中水质污染严重、细菌超过卫生标准的占 75%，小城镇和农村饮用水合格率更低。根据我国生态环境部统计，每年由于自然环境恶化和生态环境破坏所引发的经济损失占 GDP 总量的 7%~8%。由此可见，我国生态环境保护结构性、根源性、趋势性压力总体上

1

未得到根本缓解，使得环境治理和生态保护领域释放出强大的资金需求信号，绿色金融发展除了在承担服务实体经济，助力产业绿色转型的责任之外，同时能够在政策的合理引导下尽享生态效益和政策福利，助力我国在多政策目标下顺利将绿色金融纳入可持续金融发展体系。

第二节　研究目的

　　基于以上研究背景的分析，可知绿色信贷政策与减污降碳分别作为构建绿色金融的重要组成部分和各经济发展阶段的目标导向，两者之间的良性互动和协同发展是决定中国能否按期完成"双碳"目标和深入打好污染防治攻坚战的关键因素之一。那么，在此背景下，中国绿色信贷政策的实施能否对异质性企业 CO_2 和主要污染物的排放绩效产生协同增效的效果？对异质性企业的融资约束效应能否带来政策实施差异？这两种政策影响会通过何种机制来传导和发挥，不同环境政策工具之间是否产生协同效应？绿色信贷政策的实施效果若要达到异质性企业间的减污降碳协同增效，是否会受到其他外部因素的影响来激发其政策效力？对上述问题的回答，不仅是评估我国绿色信贷政策的减污降碳治理成效的主要内容，同时也为企业疏解环境治理困境、加快传统产业低碳转型和完善绿色信贷政策的制定提供重要的经验支持和决策依据。有鉴于此，本文将围绕以上问题，从理论和实证两个维度着手，从微观角度出发，来探索绿色信贷政策的减污降碳效应对企业绿色高质量发展的现实含义，这为评估不同阶段我国绿色信贷政策的科学性和完善程度、银行和企业是否履行了生态保护责任提供了经验证据。

一、"双碳·双控"目标协同推进，绿色金融助力减污降碳

　　为了更好地修复生态建设的屏障功能，突出绿色发展的战略定位，党的十八大将生态文明建设摆在中国特色社会主义总体布局中的突出地位，党的十九大正式将生态文明建设和绿色发展纳入了建设美丽中国的战略部署。党的二十大报告进一步指出"要加快推进美丽中国建设，统筹产业结构调整、污染治理、生态保护、应对气候变化，协同推进降碳、减污、扩绿、增长，推进生态优先、节约集约、绿色低碳发展"，"完善支持绿色发展的财税、金融、投资、价格政策和标准体系，发展绿色低碳产业，健全资源环境要素市场化配置体系，加快节能降碳先进技术研发和推广应用，倡导绿色消费，推动形成绿色低碳的生产方式和生活方式。"因此，伴随着中央、地方政

府及各部门对"绿水青山"和"金山银山"相互转换理念的快速响应和逐步推进，我国环境治理工作取得了良好的成效。

2016—2020年，中国大气污染防治市场规模由1575亿元增长至3094亿元，年复合增长率约为18.4%，主要污染物浓度降幅显著，实现了"十三五"以来臭氧浓度首次下降，超额完成了"十三五"规划所规定的九项约束性指标和污染防治攻坚战阶段性目标。同时，党中央将"碳中和"和"碳达峰"目标和"双控"行动作为重点战略纳入"十四五"发展规划，不断丰富和完善各地区、各行业、各用能单位的治理方案和一系列支撑保障措施，而这些举措的有力落实离不开金融部门的资源配置功能，各金融机构承担着相应的环境与社会责任。因此，政府通过不断完善绿色金融政策顶层设计，来进一步发挥金融工具在优化产业生态化中的引导作用，协同配合产业政策、消费政策、税收政策、碳市场交易等政策工具，以期通过绿色金融来助力实现"双碳"和污染防治攻坚战目标。

从政策推行层面来说，党的十九届五中全会提出要大力发展绿色金融，并指出绿色金融是兼具金融资源配置功能与环境规制的创新型政策工具，不仅是对当前市场型环境规制工具的及时补充，也是中国在环境治理领域发挥金融宏观调控和微观激励的重要实践探索，能够撬动更多的社会资金流入节能减排和清洁生产领域。追溯近几年绿色金融发展历程，2015年9月，党中央、国务院发布《生态文明体制改革总体方案》，首次提出构建中国绿色金融体系战略。2016年是中国绿色金融元年，不仅在《"十三五"规划纲要》中正式提出我国将建立绿色金融体系，同年，中国人民银行、财政部、国家发展和改革委员会、环境保护部、中国银行业监督管理委员会、中国证券监督管理委员会、中国保险监督管理委员会七部门联合印发《关于构建绿色金融体系的指导意见》，该文件的出台标志着中国将成为全球首个建立了比较完整的绿色金融政策体系的经济体。2017年，习近平总书记在党的十九大报告中强调"发展绿色金融"，对绿色金融的国内推广提出了更高层次的要求。2020年，十九届五中全会重点强调绿色金融对经济高质量发展的赋能，初步确立了"三大功能""五大支柱"的绿色金融发展政策思路，助力实现"十四五"规划和2035年远景目标。2022年，政府工作报告中也提到"推动能耗'双控'向碳排放总量和强度'双控'转变，完善减污降碳激励约束机制，发展绿色金融，加快形成绿色低碳生产生活方式"。在严格把控减污降碳强度指标的同时使绿色金融工具能赋予控排总量更多弹性。其中，中国人民银行等七部门联合发布《关于构建绿色金融体系的指导意见》，将绿色金融定义为支持环境改善、应对气候变化和资源节约高效利用的经济活动，即对环保、节能、清洁能源、绿色交通、绿色建筑等领域的项目融资、项目运营、风险管理等所提供的金融服务。可以看出，近年来，我国的绿色金融政策框架和市场体系日渐完善，绿色金融产品、工具不断丰富，政策出台更精准有力，零碳金融系统的构建同时取得了重大进展。

从实践落实情况来看，中国实现碳达峰、碳中和需要的投资规模超过100万亿元，每年大约有4万亿元的绿色投资需求，即使政府所涉及的仅有2000亿~3000亿元，面对绿色投资领域如此大的缺口，绿色金融市场体系将发挥金融杠杆和资源配置的作用。2016年作为中国绿色金融元年的关键节点，我国21家主要银行金融机构的绿色信贷余额超过7万亿元，预计每年将节约标准煤约2亿吨、CO_2减排当量超过5亿吨，同时国家贴息贷款为零。从其发展进程和体量上看，当前我国绿色信贷余额已达16万亿元，高居全球第一；过去六年间，我国共发行绿色债券近2万亿元，排名全球第二；绿色股票指数、绿色保险、绿色基金等其他金融产品发展迅速。在区域层面，六省九地"绿色金融改革创新试验区"推出的绿色项目担保贴息制度，对于引导社会资本进入绿色产业以及地方绿色信贷的快速增长起到了强有力的推动作用。

虽然，我国绿色金融工具在清洁节能领域初现绿色减排成效，且呈现出良好的战略前景，但是，当前取得的成绩仍然与预期效果存在一定的差距，激励和问题并存。问题主要表现在以下几个方面：由绿色金融供给和需求不匹配造成的规模不匹配和结构不匹配问题（徐枫，马佳伟；2019）、绿色项目制定标准不统一（潘冬阳，陈川祺等，2021）、企业存在"漂绿"动机（黄溶冰，谢晓君等，2020）、相关控排企业减排信息披露有短板（黄北辰，聂卓等，2021）、绿色金融工具种类虽然丰富，但功能不灵活，回报率低、期限长、风险大，且项目参与主体都以国企为主，市场进入门槛较高，作用范围比较局限（朱民，潘柳等，2022）。

二、绿色信贷政策赋能减污降碳，"贷"动绿色金融体系构建任重道远

当前我国绿色金融体系正处于稳步发展阶段，其中，绿色信贷占到了90%以上，是绿色金融中起步最早、规模最大、发展最成熟的部分。由于我国金融结构属于银行主导型，银行发行绿色债券融得的资金主要用来发放绿色信贷，故而决定了绿色信贷的整体发展水平可以在一定程度上能够代表我国绿色金融发展水平（王馨，王营，2021）。绿色信贷政策不仅是发展较为成

熟的绿色金融政策工具，更是一种创新型的环境规制工具，除了可以体现出有为政府的政策引导作用，也能直观反映出有效市场的最优资源配置情况。

根据《中国地方绿色金融发展报告（2022）》划分的我国绿色信贷政策体系构建的三个阶段特征来看，我国的绿色信贷经历了从民间和企业自发约束到逐渐形成指引性制度约束的发展过程，并在支持节能减排、引导产业转型、提高企业环保意识等方面发挥了重要作用。但是，作为第一个以制度方式确立绿色信贷政策的国家，我国的绿色信贷政策鲜有先例可循，每个阶段结合国情不断摸索。根据不同发展阶段的经济发展需求，通过环环相扣、层层递进的方式出台多元化政策，来激发银行机构推动绿色信贷业务的发展，成为助力我国经济可持续发展的关键力量。每个标志性绿色信贷政策文件的出台，分别是不同阶段绿色信贷政策体系构建过程中的纲领性文件，均具有鲜明的"顶层设计"特征。

虽然政府、银行机构、异质性企业在各个阶段的任务和角色分工不同，但是每一阶段各主体最终目标任务导向均是节能减排和减污降碳。2007年，绿色信贷业务全面进入了我国环境污染治理的主战场。2012年，国家对金融机构大力促进节能减排和环境保护提出了明确要求，要求各银行业金融机构配合国家节能减排战略的实施，充分发挥银行业金融机构在引导社会资金流向、配置资源方面的作用。2017年央行通过宏观审慎与货币政策相结合促进绿色信贷政策发展的规划逐步落实，并进入实质性操作阶段，激励商业银行提高绿色信贷存量，将更多的经济项目绿色化，通过"结构性杠杆"来达成节能减排的目标。在绿色信贷政策的不断优化和完善下，2022年我国绿色信贷投向具有直接和间接碳减排效益项目的贷款分别为8.62万亿元和6.08万亿元，合计占绿色贷款的66.7%。其中，各银行绿色信贷业务绩效也取得了初步成效，按照信贷资金占绿色项目总投资的比例测算，21家主要银行绿色信贷每年可支持节约标准煤超过5亿吨，减排CO_2当量超过9亿吨。

虽然绿色信贷政策对企业节能减排和减污降碳发挥了积极的引导作用，但当前我国绿色贷款余额距离"双碳"目标所需的融资体量尚有不小的差距。从银行角度来说，银行绿色信贷直接收益与其他信贷项目相比没有明显优势，在一定程度上抑制了绿色信贷业务规模增速，且原银保监会披露的21家主要银行绿色信贷产生的环境效益数据反映的是绿色信贷所支持的"项目建成后预计"将达成的CO_2减排量，而并不是"当下实际"的发生值。对于区域而言，区域经济发展不平衡，也会出现银行间、地区间银行信贷品种发展不均衡。同时在跨区域流域治理、城市绿肺园林建设、大气污染防治及生态环保涵养功能区建设运营等方面缺乏相应的创新信用结构，不具备通过市场化融资成批量、大规模、长期性推动绿色项目实施的可行安排机制。对于企业而言，绿色信贷余额在我国信贷总余额中的占比仅为10%左右。此外，当前有4000多家A股上市公司中有705家暴露环境风险，积累超过2000条环保处罚，行政处罚集中在大气污染的金额累计近3亿元。与此同时，企业污染排放披露情况仍处于较低水平，虽然多家上市公司由于环保问题被生态环境部通报和处罚，但该类信息却未披露在企业官网、企业社会责任报告或者其他相关环境报告中，"污染排放披露情况""绿色金融相关信息"这两项指标的得分评价低于10%。从这些现实情况来看，在过去二十几年间中国绿色信贷政策顶层设计的进展，可以观察出中国政府正在依循生态文明决策指引，按照各阶段纲领性文件，通过激发绿色金融市场活力，来积极践行"绿水青山""金山银山"转换理念，发挥了提纲挈领的指导作用。但是，我国绿色信贷政策在建立长效、可持续发展机制的道路上，仍然面临诸多挑战，其能否有效实现减污降碳，仍需要进一步讨论。

第三节　研究意义

金融是现代经济的核心竞争力，是促进资金融通、优化资源配置的重要工具。党的十九大报告中，习近平总书记明确指出"加快生态文明体制改革，建设美丽中国，把'发展绿色金融'作为推进绿色发展的路径之一"。在当前构建新发展格局下，绿色金融不仅能为节能减排领域创造巨大的投资和融资需求，而且有利于提升金融资源的配置效率。在降低高污染行业企业带来的环境金融风险的同时，能够不断激发清洁企业的减排动力和研发潜力，为倒逼高污染企业绿色转型、激励绿色企业持续扩绿激发市场活力。因此，本书主要对不同阶段中国绿色信贷政策实施带来的企业减污降碳效应进行评估和深入讨论，为今后我国绿色信贷体系在绿色金融系统中的优化和完善提供更有价值的参考。

一、理论意义

第一，为可持续发展理论提供了新的理论研究方向。本书以实现"双碳·双控"目标为背景，从银行和企业的视角出发，就如何有效助力企业可持续发展提供了理论依据。本书通过借鉴相关专家（刘锡良，文书洋，2019）的建模思路，将金融部门和不同排放物生产部门的函数纳入多部门一般均衡模型中，建立了包含环境约束设定、异质性企业和金融部门的内生增长模型，讨论了银行的金融资源配置与经济增长背后的企业所付的环境代价之间的关系，通过分析绿色信贷对银行贷款利率造成的影响来阐述银行如何疏解企业在绿色转型过程中的资金压力，以及形成的激励—惩罚机制如何助推异质性企业有效提升减污降碳绩效。

第二，从知识溢出理论出发，分析了绿色信贷政策对棕色企业和绿色企业在行业内和行业间的技术溢出效应。目前大多数研究集中于绿色信贷政策对微观企业在绿色技术创新"质"和"量"层面的讨论，鲜有研究对绿色信贷政策与企业绿色技术创新溢出之间的密切联系予以关注。因此，本书通过引入知识溢出理论的基本思想，发现在绿色信贷政策的影响下，企业若要通过绿色技术水平的提升来助力减污降碳，需加大行业内和行业间的适用绿色技术或低碳技术引进和吸收力度，以此来加快缩小企业间的绿色技术水平差距。这一研究以期为我国进一步优化绿色信贷政策，尤其是为完善绿色信贷政策与"双碳·双控"目标在绿色技术创新领域的调整方向提供了理论基础，也为如何有效发挥绿色信贷政策的减污降碳效应和知识溢出效应拓展和补充了相关的理论研究。

第三，由于绿色信贷政策是银行等金融机构对不同污染性质区域和企业实施的差别化信贷政策，主要是对绿色环保和低碳生产的企业给予较低的奖励性贷款利率来激励企业转型升级，而对"两高一剩"为代表的高污染企业设置较高的惩罚性贷款利率门槛来引导其转型方向。本书将绿色信贷政策效果分为激励性效果和惩罚性效果，分别探讨这两种效果如何影响不同性质企业的减污降碳效应，同时也可以观测并对比不同阶段绿色信贷政策对不同工业排放物是否存在减污降碳协同增效。本书从新结构经济学理论的基本思想出发，进一步结合不同阶段绿色信贷政策实施所处的发展背景，分析了绿色信贷政策在实施过程中，可能会存在宏观层面的"央行新型货币担保品扩容"和"地区环保监管"等影响渠道，以及微观层面的"绿色技术创新溢出"和"金融资源配置""企业数字化转型"等传导机制来助力企业疏解环境治理困境，也为企业如何平衡环保和生存之间的关系提供了重要的理论支撑。

二、现实意义

第一，能够判断出不同阶段绿色信贷政策工具对企业减污降碳绩效的功能定位和影响情况，探索信贷资源和绿色技术创新成果如何在企业间供需两端得到有效配置，助推企业实现高质量发展。绿色信贷政策工具作为我国减污降碳环境约束下的金融资源配置工具，直接影响到企业的生产方式变革，由此也对经济、社会和环境产生了广泛深远的影响。在"双碳"战略和污染防治攻坚战目标的推动下，探讨绿色信贷政策能否对企业环境治理行为产生实际影响，明确绿色信贷促进企业减污降碳绩效的机制渠道，不仅是评估绿色金融微观效应的主要内容，也为考察宏观资源配置影响企业行为提供了重要的现实证据。

第二，能够有效识别我国绿色信贷政策体系构建不同阶段绿色信贷政策实施过程中可能存在的宏观调控政策工具、试验地区战略部署、企业自身行为反馈等外部环境和机制渠道对绿色信贷的减污降碳效应的加持。考虑到我国环境规制工具涉及范围广、实施力度大、种类多元，与绿色信贷政策形成了良好的协同互补关系。因此，本书也探索了部分非绿色金融性质的环境政策工具与绿色信贷之间的协同效应。此外，本书关注到我国正处于数字经济的快速发展阶段，企业数字化转型会以数字化赋能企业环境治理和绿色生产智慧化，会有利于优化绿色信贷政策的控排效应，同时还可以在可控范围内规避银行可能由环境污染和气候变化引发的金融风险，向符合可持续发展要求、具有绿色创收能力的项目和企业给予精准扶持，为高效践行绿色转型、绿色创新研发和投产型企业释放更多的信贷可得性信号，降低其融资难度和融资成本，助力企业在获得环境效益的同时实现经济效益最大化，为增加异质性企业在人与自然和谐共生的中国式现代化建设的参与度，加强对重污染企业的导向性约束，统筹协调好银行信贷发放与企业绿色转型之间的关系提供新思路。

第四节　研究内容与研究方法

一、研究内容

本书结合理论模型和实证分析讨论了绿色信贷政策在实施和完善过程中的减污降碳效应和异质性企业应对绿色转型要求的机制和渠道。首先，本书构建了包含一般均衡理论和经济增长理论的多部门模型，根据理论模型推导得出的基本结论和相关文献及基础理论的梳理，得出了本书的研究假说。然后，根据《中国地方绿色金融发展报告（2022）》划分的我国绿色信贷政策体系构建的三个阶段，选取了2003—2021年我国282个地级市所在A股上市公司以及银行层面的非平衡面板数据，构建了连续型双重差分模型、现金—

现金流模型、三重差分模型、门槛效应模型、双重固定效应模型、机制检验模型、调节效应模型以及文本分析法和工具变量法来考察在我国"双碳·双控"背景下，阶段性绿色信贷政策的实施对微观企业减污降碳效应和对绿色企业的助企纾困效应产生的影响，以及讨论可能存在的传导机制渠道。主要内容共有以下四部分：

第一部分：研究背景和文献综述。首先对本书的研究背景、研究目的、研究意义、研究内容、研究方法，以及可能的创新点进行论述；然后围绕研究目的，对绿色信贷政策工具在宏观—中观—微观层面带来的减污降碳效应的相关文献进行梳理总结，分析了当前学术界关于绿色金融和绿色信贷业务本身以及其政策实施对各个层面对应的绿色技术创新、环境社会责任、融资约束、信息渠道、绿色收益等方面的影响，并归纳了其主要的作用渠道及传导路径；最后根据对既有研究的述评界定本书的边际贡献。

第二部分：理论基础及研究假说的提出。首先从银行—企业的角度出发，绿色信贷政策对企业减污降碳绩效、缓解企业环境治理融资约束的影响作用下相关的理论分析，通过构建包含环境和金融因素的一般均衡模型和梳理相关研究的方式，在技术、偏好和环境因素设定上沿用现有研究广泛采用的假设，在原有研究基础上对金融部门和中间产品部门进行重新设定。为研究信贷资源在棕色和绿色企业间的配置，将中间产品分为两类，将金融机构的功能设定为配置信贷资源，激活绿色项目的现金流注入，探讨信贷资源配置与环境污染的关系；然后介绍了企业减污降碳绩效测算的相关理论以及测算依据；最后，根据理论解析，阐释了绿色信贷政策如何对企业减污降碳绩效产生影响，并且在绿色信贷政策的实施过程中，分别对政府层面的"环境监管效应"，银行层面的"信贷滋润效应"以及企业层面的"金融资源配置""融资渠道调整""数字化转型""绿色技术溢出效应"，同阶段同类环境政策的"协同或叠加效应"进行识别，据此提出本书的研究假说，为后文识别阶段性政策效应以及机理机制打好理论基础。

第三部分：根据我国不同阶段绿色信贷政策实施过程中的标志性政策事件，逐步展开绿色信贷政策的实施对企业减污降碳绩效效果评估及其作用机制的实证研究。包括绿色信贷政策初始阶段对企业减污降碳绩效的影响、绿色信贷政策发展阶段对企业减污降碳绩效的影响、绿色信贷政策综合发展阶段对企业减污降碳绩效和对其融资约束效应的进一步讨论这三方面内容，分别对应本书的第四章至第六章。首先，构建连续型双重差分模型来考察2007年出台的《关于落实环保政策法规防范信贷风险的意见》作为开启构建中国绿色信贷政策的标志性事件，分别对棕色企业和绿色企业的重点污染物及 CO_2 排放绩效影响的政策效应进行评估，并进一步从平行趋势检验、剔除同期其他事件干扰、剔除行业趋势和宏观因素三方面进行稳健性检验，并进一步考察同期其他同类环境规制政策是否对绿色信贷的政策效果有叠加效应。然后，继续构建连续型双重差分模型，考察了绿色信贷体系构建指导性纲领文件——2012 年的《绿色信贷指引》的政策净效应及其影响渠道，因为该文件进一步规范了对银行金融机构的绿色信贷的运行机制，指明了绿色信贷的发展方向，并且在当时所处的经济发展背景下，该政策对企业减污降碳绩效的实施效果会受到多方面因素的影响。所以，本书在政策效应结果评估稳健的情况下，分别引入了"环境监管效应""同期政策叠加效应""绿色技术溢出效应""金融资源配置""企业数字化调整"等基于宏观—微观层面的影响机制，采用了调节效应模型、三重差分模型、门槛效应模型、调节效应模型、机制检验模型等计量模型通过实证考察了该政策如何对异质性企业产生影响。最后，在验证了绿色信贷政策的综合发展阶段对企业产生了减污降碳效应的基础上，从银行的角度出发，引入现金—现金流模型和投资—现金流模型，考察并检验了该阶段央行对绿色信贷采取的标志性政策举措——将绿色信贷纳入宏观审慎评估框架（MPA）和中期借贷便利担保品（MLF）范围，这一创新型结构性货币政策工具是否有效缓解了绿色企业的融资约束，是否进一步提高了棕色企业的融资门槛，同时引入了"非信贷融资渠道调整"所涉及的三个机制进行了机理解释，阐明了央行绿色担保品扩容政策带来的信贷滋润效应，通过实证分析央行对银行的绿色信贷业务的激励举措对企业现金流敏感度的影响。

第四部分：本书的结论和政策建议以及研究不足之处和展望。基于前文的理论分析和实证检验得出的结果，归纳总结出本书的基本结论并提出对应的政策建议。同时，对本书的主要结论和研究不足进行总结，进一步提出未来改进的方向。

二、研究思路

综上所述，随着绿色信贷政策的逐步优化和完善，不仅可以助推国家"双碳·双控"目标的实现，而且有利于提升企业和地区的绿色转型效率。根据本书的主要研究内容，构建了研究框架。总体研究框架遵循"理论分析—特征事实分析—实证检验—政策建议"的逻辑思路，按照绿色信贷政策构建的不同阶段来层层递进地展开各部分的研究。具体来说，本书从中国各阶段施行的绿色信贷政策的实施效应出发，首先从理论上解析在不同参与主体的响应下，中国绿色信贷政策对不同性质的企业减污降碳绩效的影响效果及其主要作用机理，并提出理论假说；其次评估不同阶段的中国绿色信贷政策是否有效提升了企业减污降碳绩效；再次就绿色信贷政策对企业主要污染物和CO_2排放绩效的异质性影响、作用机制、政策协同效应进行实证分析；最后基于主要研究结论提出相应的政策建议。

三、研究方法

本书通过构建理论框架提出研究假说，进一步与实证检验结合、采用了定性分析与定量研究相统一的研究方法。定性分析主要包括比较分析法和特征事实分析法，定量研究方法主要包括固定效应模型、连续型双重差分法、三重差分法、门槛回归分析法、分位数回归、调节效应分析、机制检验分析、反事实模拟、NN-DDF 测算法。实证研究所采用的工具主要有 Stata 17、Stata 16、Python 等计量软件。

（一）定性研究方法

本书第二章为文献综述，主要运用了比较分析法。首先，通过梳理绿色信贷以及绿色信贷政策与各个层面减污降碳效应的相关研究，对核心概念进行界定，并通过比较分析出当前研究可能存在的不足。然后，在第三章运用了理论分析法，分析与绿色信贷对减污降碳效应产生影响相关的理论模型，根据基础理论模型推导得出基准研究假说，并通过文献梳理归纳总结出各主体在响应绿色信贷政策的过程中可能产生或者受到的宏观—微观层面的机理机制的影响，为后续提出的研究假说做好理论铺垫。

（二）定量研究方法

第一，在评估各个阶段绿色信贷代表性政策对企业减污降碳绩效的政策效应时，运用 NN-DDF 对企业层面的减污降碳绩效进行测算，考虑到传统双重差分法的局限性，本书采用了连续型双重差分模型进行识别，并同时选用了双向固定效应分析，为了进一步考察各阶段绿色信贷政策实施对企业减污降碳绩效产生的政策净效应，本书采用了三重差分法（DDD）进行了相关分析，从银行的角度，引入现金—现金流模型和投资—现金流模型来考察央行对绿色信贷的激励政策是否在一定程度上缓解了绿色企业的融资约束问题。

第二，当基准回归结果与研究假说保持一致时，考虑到绿色信贷政策实施过程中可能会存在其他宏观—微观环境因素和政策干扰对估计结果造成偏差，为了验证结果的稳健性，本书采用以平行趋势检验为代表的事件分析法来观察政策效应的动态变化，控制其他政策干扰效应、替换核心解释变量、通过控制行业趋势和宏观经济因素、安慰剂检验、反事实检验来验证实证结果的可靠性，本书通过运用这些方法对研究假说进行稳健性检验。

第三，在分析不同阶段绿色信贷政策的实施对企业减污降碳绩效产生影响的过程中，可能会通过环境监管效应、同质政策叠加效应、异质政策协同效应、信贷滋润效应，以及微观层面的绿色技术创新溢出、金融资源配置、企业数字化转型、信贷结构调整这几种作用机制来作用于企业的减污降碳表现。鉴于此，本书对不同层面的作用机制进行了实证考察，主要采用了调节效应分析法、机制检验法、门槛效应模型、分位数回归等方法和模型进行机制检验和异质性分析。

第五节　可能的创新点

综上所述，本书创新点主要体现在以下四个方面，以期对相关研究进行完善和补充：

第一，对研究视角的细化。一方面，当前关于绿色信贷政策对环境绩效的影响的相关研究大多集中于区域（省级和地级市）层面，且少有研究关注CO_2与其他重点污染物的排放绩效在绿色信贷政策的影响下是否存在，且存在协同效应。因此，本书将绿色信贷政策实施对象聚焦于上市公司和银行，试图将银行—企业纳入同一理论框架，从微观角度出发，探究政府在制定绿色信贷政策的过程中，是否有效引导了银行和企业在我国绿色化转型过程中的良性互动。另一方面，本书在研究绿色信贷政策的助企纾困效应时，从银行—企业的角度来考察央行的激励型举措是否会通过影响企业的现金—现金流敏感度来削弱绿色企业的融资约束。

第二，对作用机制的补充。当前关于绿色信贷及其政策实施对减污降碳效应的作用渠道比较集中于研究绿色信贷通过资源配置效应、绿色创新效应、企业环境社会责任、企业环保投资等渠道来影响地区或地区的环境表现，鲜有研究涉及关于异质性政策叠加或协同效应、企业间绿色技术创新溢出效应、企业数字化转型等作用渠道的详细探讨和论证。因此，本书从不同阶段的绿色信贷政策所处的政策环境和经济发展背景出发，探讨在多策并举的情境和企业数字化转型举措对企业减污降碳绩效表现的影响效果；同时，对绿色信贷政策下的企业绿色创新在行业内和行业间的"绿色知识溢出效应"进行了较为深入的考察，在一定程度上丰富了当前讨论绿色信贷政策与绿色创新之间相关关系的研究结论。

第三，对研究对象的测度。大多研究绿色信贷及其政策实施与减污降碳的关系时，通常围绕绿色信贷政策实施对企业或地区的碳排放强度，以及污染物的污染强度展开讨论。而涉及环境绩效的相关研究，主要集中于对区域层面的碳排放效率和绿色经济效率，鲜有文献涉及微观层面的减污降碳绩效的研究。因此，本书的研究重点聚焦于阶段性绿色信贷政策影响下微观层面的减污降碳效应，同时在对企业的 CO_2 和重点污染物排放绩效进行核算时，区别于已有文献的测算方式，本书采用了非角度、非径向方向性距离函数（NN-DDF）对企业的减污减碳绩效进行了测度，相比于传统测算方式，该方法在一定程度上有效解决了技术前沿设定偏误和效率测量有偏问题，使测算结果更符合实际情况。

第二章　文献综述

本章基于前文的分析，对与本书研究问题相关的国内外研究成果进行总结和归纳，来进一步明确相关文献的研究现状和进展，并在此基础上进行述评，提出本书相比于前人研究潜在的可拓展之处。

第一节　绿色信贷及其政策实施的相关研究

一、绿色金融政策及其影响研究

为了加快实现当前发展条件下的绿色低碳转型，同时防范环境、气候问题带来的金融风险，我国以及全球其他经济体，纷纷采用金融工具加以干预，其中最主要的手段是构建绿色金融政策。绿色金融政策一般是指能够对绿色投融资活动形成激励促进、对非绿色投融资活动形成约束限制，或旨在防范环境、气候相关金融风险的公共政策。在绿色金融政策目标的指引下，各国不断开展环境改善、应对气候变化和不可再生能源节约利用的金融活动，其通过绿色信贷、绿色债券、绿色基金、绿色保险、碳金融等政策工具，将资金引导到环保、节能、清洁能源、绿色交通、绿色建筑等项目中。

在此背景下，绿色金融政策的效力主要通过以下几个方面来影响微观行为和宏观经济运行：绿色金融政策引导的金融活动不仅可以通过引导社会资本蓄力形成绿色投资，促进能源结构优化与供给侧结构性改革，以稳定可持续经济的增长来不断优化宏观经济结构和金融结构（文书洋等，2021；Jeucken，1999；王瑶等，2016），而且可以提供更多专项资金提升企业在绿色研发领域的创新效率加速企业绿色转型速度（陈国进，2021；王修华等，2021）。同时，在国家硬性的披露要求下，随着企业环境信息透明度的不断提高，市场的交易成本也会随之降低（王博，徐飘洋，2021）；银行部门会根据不同企业的行业性质来制定差异化的金融合约以应对由环境不确定性引发的金融风险（王瑶等，2019），还可以通过行政监督来改善企业的绿色表现（李哲，王文翰，2021），以绿色供给来带动消费者的绿色需求（王建明，赵婧，2022）。此外，从绿色金融对各方 ESG 的影响情况来看，绿色金融政策在支持环境改善、应对气候变化和资源节约高效利用的经济活动的同时，可以更加有效地解决环境项目外部性、缓解环境信息不对称等问题，激励金融机构和企业承担更多社会责任。且绿色金融政策的有效性取决于环境监管力度、信息透明化水平和企业对政策的积极反馈，企业承担环境社会责任的意愿对政策的实施效果具有直接影响。所以，绿色金融政策在正确引导不同行业、不同类型企业积极开展绿色工业革命方面扮演着至关重要的角色，更是决定我国是否能按期完成"碳达峰"和"碳中和"目标的关键力量，为我国未来零碳转型和经济高质量发展目标打下可持续的基石，加快中国传统金融向绿色金融的全面转型（朱民等，2022）。

二、绿色信贷政策及其影响渠道的影响研究

根据央行的定义，绿色信贷政策是指利用信贷手段促进企业节能减排，实现环境与社会可持续发展的系列准则与规定（沈洪涛和马正彪，2014），具体包括两个方面：一是对进行绿色经济、绿色制造、绿色研发和创新的项目或绿色企业提供优惠利率贷款支持；二是对高污染、高排放、高耗能企业和生产制造项目实施贷款限额制度，并以惩罚性高利率贷款进行管控。绿色信贷政策作为我国当前绿色金融政策体系中最主要的政策主体，学者们从不同方面探讨了绿色信贷政策对宏观和微观层面的相关影响及影响渠道。

从其对宏观经济可持续发展的表现来看，绿色信贷政策通过提升区域绿色全要素生产率来优化调整绿色金融发展和产业结构的耦合协调性，对经济的高质量发展产生巨大的积极意义。学者们对资本形成和信号传递、反馈和作用催生的三种机制的梳理，认为绿色信贷发展与产业结构升级和能源结构优化之间存在显著相关关系（徐胜等，2018；谢婷婷，刘锦华，2019），绿色信贷金融工具可用于引导信贷资金流入节能环保产业，以产业结构的优化促进能源消费结构的低碳化（刘传哲，任懿，2019）。从直接效应的角度来看，绿色信贷政策的实施通过倒逼"三高"行业对传统粗放式生产方式进行改造和积极开发利用清洁能源，大力支持绿色项目的生产创新活动，从而引导全社会能源消费结构的优化。从替代效应的角度来看，传统能源价格会随着供应量的减少而增加，传统工业部门会加大清洁能源和可再生能源的投入和引进，在绿色信贷政策的信号传递下，政府会通过金融手段全力支持绿色产业的发展，不断淘汰落后产能，助推优化能源消费结构（冯梦骐，邢

珺，2018）。此外，绿色信贷通过差别化的货币金融政策以信贷倾斜、利率浮动等方式动员更多资金聚集、形成绿色投资，为宏观经济可持续增长注入更多资本投入。同时，绿色信贷政策支持的绿色项目的运行成本相对较低，不断引导资金注入清洁低碳领域，通过优化能源结构来实现产业结构升级，培育绿色产业及关联产业发展，形成新的工业经济增长极，进一步实现经济高质量发展（陈立铭等，2016）。

从对微观层面带来的政策效应来看，绿色信贷政策的出台直接影响到商业银行的业务成本和经营绩效，因为银行不仅是绿色信贷资源配置的重要微观中介，其自身也可以依托绿色信贷政策工具的功能来降低业务运营成本、规避重污染企业潜在的信贷风险、提升 ESG 声誉，虽然短期内的净收益较低，但是随着绿色信贷制度体系的不断健全，将有利于其长期效益（丁宁等，2020；宋科等，2022；卞晨等，2022）。对于企业而言，除了给符合规定的绿色企业和绿色项目提供资金支持之外，银行依据规定对高污染、高耗能、高排放的企业提高贷款壁垒，增强棕色企业的融资约束，以此来激励限制性行业企业有效实现绿色转型（陆菁等，2021）。绿色信贷政策影响企业行为的主要机制包括以下几个方面：

第一个方面体现在绿色信贷的资源配置渠道，细分为融资约束和激励—惩罚效应，受环境规制的约束，绿色信贷能够对重污染企业的融资成本和投资水平造成一定的压力和冲击，通过加大该类企业的融资成本，降低其投资水平，显著增加其债务成本等途径对其污染和排放行为进行惩罚和遏制，切实引导资金流向资源技术节约型和生态环境保护型产业，最大限度地满足环保友好型企业的资金需求，能够有效平衡金融资源最优配置和绿色可持续发展（苏冬蔚和连莉莉，2018；牛海鹏等，2020；吴虹仪和殷德生，2021），也有学者观察到了绿色信贷政策的人力资源再配置效应，政策实施对重污染企业的劳动收入份额产生了异质性影响，具体包括以下几点：（1）绿色信贷政策的人力资源升级效应会增加重污染企业对绿色创新和清洁生产高技能劳动力的需求，进而导致劳动收入份额的提升；（2）绿色信贷政策的信贷约束效应，也会导致重污染企业劳动收入份额的减少。并且，绿色信贷政策对重污染企业劳动收入份额的负向影响在国有企业、劳动密集型企业和经营风险较大的重污染企业中更为显著（范源源和李建军，2022）。

第二个方面体现在绿色信贷政策的信号传导渠道，在资本价格相同的情况下，绿色信贷通过建立一套识别标准，促进投资向绿色项目倾斜，实现了信息驱动的资源再配置（蔡海静，许慧，2011；陈艳利和毛斯丽，2020）。由于我国上市公司对相关信息进行披露的积极性不高造成了资本市场信息不对称，信息披露质量较高的上市公司大多是市值较高、规模较大的上市公司，该类公司较为自觉地披露污染排放、节能环保相关信息，向资本市场传递更为积极的环境治理信号，以良好的声誉和实际表现来获得更多的资本投入，进一步提升了公司的潜在价值（闫海洲和陈百助，2017）。但是，绿色信贷政策将会通过信息效应降低了重污染企业的并购绩效，在绿色信贷政策的大力倡导下，重污染企业的环境信息披露行为会面临社会舆论和环境监管的压力，而且还需要承担外部债权人撤资的风险，无形中承担了更多的并购整合成本（王艳和李善民，2017），向资本市场传递出关于重污染企业信贷授信的负面信号，带来了外部相关利益者的消极态度，进而影响公司股价。同时，重污染企业会加大对企业污染治理和节能减排的重视程度，加大环保支出力度，间接对企业并购绩效带来负向效应（王建新等，2021）。

第三个方面体现在绿色信贷政策对企业履行环境社会责任的影响。Wu 和 Shen（2013）的研究发现，商业银行会通过履行社会责任来提升自身的社会形象来吸引更多的高质量客户和获得央行的正向激励，进一步改善商业银行的资产质量和风险管控水平，提升银行的经营绩效。当商业银行将发放绿色信贷作为自身履行社会责任义务的同时，也获得了自身整体竞争力的显著提升（Luo 等，2021）。其他学者研究得出的结论显示，企业自觉履行环境社会责任大多数情况是出于对绿色投资的需求，由于环境信息在企业和投资者之间的不对称，企业是否属于环保友好型也需要第三方的核验，其行为是否有"漂绿"的可能也难以观测，因此自觉履行环境社会责任、属于节能环保行业的企业才会在绿色信贷市场中占据优势（蔡海静等，2019；刘亦文等，2022）。

第四个方面体现在绿色信贷政策带来的绿色活动激励效应。对于拥有清洁技术的环境友好型企业来说，银行对其绿色信贷发放具有较强的偏好性和积极性，强大的市场需求和政策力度使得大规模的资金不断流入绿色低碳领域，不断激励企业进行绿色低碳技术的研发活动，促进了绿色创新产出的增质提量。但对于高耗能、高污染、高排放的企业来说，就会面临更高融资门槛和更高融资成本，在高昂的环境污染成本和研发成本的替代作用下，"三高"企业唯有依托绿色技术创新才能有效缓释环境风险、降低环境污染成本（胡天杨和涂正革，2022；王玉林和周亚虹，2022）。有学者通过美国和中国的经验证据验证了绿色信贷政策能够有效推进清洁技术的研发和推广（Li 等，2018；Ling 等，2019）。但也有研究表明，由于我国上市公司普遍存在环保投资额不足现象，企业大多对于绿色信贷政策的响应是一种"被动"行为，且多数用于末端治理和环保设施支出，虽然促进了绿色信贷限制行业的绿色创新数量，却未能显著提升绿色信贷限制行业的绿色创新质量，存在较为严重的"漂绿"现象和"言行不一"的现象，导致绿色信贷政策绿色技术创新效应不显著（王馨和王营，2021）。

第二节　减污降碳效应及其影响研究

当前，我国生态文明建设进入了以降碳为重点战略方向、推动减污降碳协同增效、促进经济社会发展全面绿色转型、实现生态环境质量改善由量变到质变的关键时期。自党的十九届五中全会以来，"减污降碳"成为中国现阶段深化环境治理、助推经济高质量发展的关键词和高频词。2021 年 11 月，中共中央、国务院印发《关于深入打好污染防治攻坚战的意见》（以下简称《意见》），文件中明确要求"以实现减污降碳协同增效为总抓手"，标志着"十四五"时期，我国生态环境保护进入了减污降碳协同治理的新阶段。在国家"双碳·双控"任务的全面战略部署下，统筹优化各阶段减污和降碳工作以实现协同增效，对进一步深化环境治理、助推高质量发展具有重要意义。减污降碳不仅作为当前我国"双碳·双控"的重点目标，同时也是缓解我国生态环境保护结构性、根源性、趋势性压力的重要途径。政府和市场一边要致力于实现"双碳"目标和经济发展目标，而另一边还要深入打好污染防治攻坚战，打出组合拳，推动减污和降碳协同增效。因此，有效提升地方政府和微观企业的减污降碳绩效且实现二者之间的良性互动是贯彻践行绿色发展理念，提升地区—行业—企业的绿色转型效率的新动力与新方向。学术界关于减污降碳效应的讨论主要集中在以下几个方面。

一、减污降碳效应及其评估方法的相关研究

在围绕减污降碳协同增效及其评估方法的研究中。学者们发现，两种污染物之间的协同效应是在污染物减排措施实施的同时，也能对其他同根、同源污染物产生相似的影响效果，减污与降碳之间可以具有良好的协同效应（王金南等，2010；傅京燕和原宗琳，2017）。当前大多数关于减污降碳协同效应的研究是验证不同行业、不同区域间该效应是否存在（宋飞和付加锋，2012；张扬等，2015；易兰等，2022）当以行业为研究对象时，环境规制有效促进了中国工业部门减污降碳的协同增效，且协同效果会受到企业能

源消费结构调整的影响，从美国和中国的电力部门来看，政策协同会带来减污协同效果。但是，也有研究发现，我国的电力、钢铁和水泥等高碳高污染排放行业，以末端治理为主的大气污染防控减排技术无法达到协同降碳的效果（顾阿伦等，2016）。以区域作为研究对象时，减污降碳协同效应可能会受区域间减排措施的差异性呈现出一定的异质性。学者们使用情境模拟对相关国家的可再生能源引进、碳交易、碳税等碳排放规制手段进行研究，发现减碳控碳和优化能源结构相关的环保措施具有很好的协同减污效果，但仍有学者指出，减污降碳协同效果在中国呈现出区域异质性，欠发达地区的研发行为对减污降碳的影响效果明显优于发达地区（薛婕等，2012），从中国的实际效果出发，张瑜等（2022）从动态视角考察了我国减污降碳协同效应的演变过程，发现碳交易政策虽然以减碳作为最终目标，但是却对其他污染物的控排呈现出同等政策效力，但是以系列空气污染物防治规划为代表的大气污染物防治政策虽对大气污染物减排的效果明显，但是对碳排放的效果却比较有限。此外，从对减污降碳协同效果进行评估和测算的研究来看，当前科学评估减污降碳协同效应的最常用的方法包括协同效应评估指数法（高庆先等，2021）、协同减排当量法（毛显强等，2012）、协同控制效应坐标系法和弹性系数法（何峰等，2021），预测减污降碳协同效应常用的方法是多元线性回归分析法（常树诚等，2021）、LEAP 模型法（冯相昭等，2021）和 STIR-PAT 模型法（杨森等，2019）。

二、实现减污降碳的渠道和机制研究

异质性环境规制手段是实现减污降碳的重要保障：首先，以政府管控为主的正式环境规制有效促进了以 SO_2 为代表的大气污染物的减排控排，而对其他污染物的协同减排效应取决于能源利用效率和清洁技术水平的提升（Ekins，1996；赵彦云等，2022）。其他研究从碳减排的收益问题切入，得出与碳减排相关的以政府为主导的节能减排举措除了能够获得预期的经济效益，同时也对其他污染物呈现出一定程度的协同效果。从实际情况来看，减少不可再生能源的粗放式利用和工业 CO_2 以及其他污染物的减排一般会作为不同的问题去对待和解决，对于解决能耗问题，地区和企业主要通过制定规章制度进行减少化石能源投入来缓解能源过度消费的情况，而宏观和微观层面的相关排放物的控排目标大多数情况还是会采用以末端治理的方式来实现。这些正式环境规制的制度安排和行政手段可以在实施过程中产生一定的协同作用，为提升 CO_2 和其他重点污染物的减排效率提供了制度保障（邵帅等，2016；熊波等，2016；罗知和齐博成，2021；李倩，2022；韩超等，2020）。在以社会公众和非政府组织间接参与环境治理的非正式环境规制的研究中，张华和冯烽（2020）构建了以环保非政府组织为主的环境公开信息所构成的指标来衡量非正式环境规制强度，通过一系列实证检验得出环境信息公开对温室气体与大气污染物具有相似的减排效果，并且废水和废气的信息公开也有助于降低碳排放水平，并且这种非正式环境规制手段会通过缩小规模效应、优化结构效应和提升技术效应等渠道提升协同控排水平，其他学者也得出了类似研究结论（张国兴等，2021；张国兴等，2019；郑思齐等，2013）。此外，也有研究表明，以高铁为代表的基础设施和数字基础设施为代表的新基建也是促进减污降碳的有效渠道（李建明和罗能生，2020；孙鹏博和葛力铭；2021）。

其次，以用能权交易市场为代表的创新型市场型环境规制工具，将污染排放权作为交易标的，可以有效提升减污降碳水平。国内外研究一部分集中于污染物排放权交易的总量控制和初始配额设置（刘承智和潘爱玲，2015），另一部分研究讨论了污染物排放权交易政策的减排效应，以碳交易市场为例，大多文献考察了碳排放权交易政策对 CO_2 排放强度的影响，少有文献会涉及可能存在的协同减排效应（刘传明等，2019；任亚运和傅京燕，2019）。学者们运用计量方法评估区域层面的碳排放权交易的政策效应，均发现碳排放权交易政策显著降低试点地区的 CO_2 排放强度，同时，有学者也论证了碳交易政策除了降碳之外，也有效促进了城市 $PM_{2.5}$ 和 SO_2 等大气污染物的协同减排（张国兴等，2022）。

最后，绿色技术创新效应和绿色全要素生产率的提升是学者们研究如何减污降碳的重要机制渠道。绿色技术效应是除规模效应外另一个影响节能减排效果的主要因素。有文献的研究结论表明，城市和企业层面绿色技术创新水平的提升将有效促进减污降碳效应（张兵兵等，2014；郭丰等，2022；王一鸣，2022；房宏琳和杨思莹，2021），且政府减排政策在促进绿色全要素生产率增长后，绿色全要素的提升也有助于企业减少污染排放和补偿减排成本（黄庆华等，2018）。此外，在当前的经济发展环境中，绿色全要素生产率处于前沿的清洁企业会在行业竞争中会获得更多的资本支持和先发优势，对同行业和重污染行业企业形成技术引领和示范作用。同时，产业的空间集聚为成熟的绿色技术在企业间或行业间的溢出效应提供了条件，随着绿色全要素生产率和清洁技术水平的双向提升，其市场需求也会不断扩大。在绿色技术对经济高质量发展的影响越来越重要的情况下，最终会促进减污降碳与经济增长之间的双赢。因此，即使短期绿色技术对减污降碳效果的能力有限，但是从长远来看，在资本和劳动的稳定投入下，在绿色技术创新成果的产出过程中将会形成绿色产业规模化和绿色产业现代化，实现企业和行业在投入环节、生产环节以及产出环节和流通环节的绿色化，通过绿色技术效应从源头上实现节能减排。在企业利用绿色技术进行低碳转型和清洁生产的同时，政府部门会在物理防控方面进行森林植被和城市绿地建设来促进碳汇的增加，进一步加强碳减排和重点污染物的协同治理成效（张宁，2022；杨莉莎等，2019；Li 和 Lin，2017；Zhao 等，2017）。

第三节　绿色信贷政策的减污降碳效应的相关研究

一、绿色信贷政策对宏观减污降碳效应的影响研究

2022 年的政府工作报告原文提到的"推动能耗'双控'向碳排放总量和强度'双控'转变，完善减污降碳激励约束政策，发展绿色金融，加快形成绿色低碳生产生活方式"，不仅强调了减污降碳在现阶段我国全面推进经济社会绿色转型中的重要战略地位，也明确指出了发展绿色金融对减污降碳目标的必要性和紧迫性。绿色信贷作为清洁生产与节能减排的重要金融手段，从宏观层面来看，顾洪梅等（2012）、赵军和刘春艳（2020）等学者基于不同国家、中国不同省份的数据，采用实证模型发现绿色金融发展到一定阶段对碳排放强度存在显著的抑制作用。但另一些学者认为，传统信贷发展会加快经济增长、增加能源消耗造成能源回弹效应，且两者存在倒"U"形关系（胡金焱和王梦晴，2018）。还有学者发现我国银行信贷发展对碳排放存在规模效应和技术效应，且技术效应显著受信贷量影响的相对较大。严成樑等（2016）从 5 个维度量化金融发展综合水平，发现银行信贷规模的扩张对我国二氧化碳强度的影响存在倒"U"形，同时，金融市场融资结构、金融行业内竞争程度、传统金融资源配置效率对重污染行业的倾斜都会对碳排放强度造成负面的影响。江红莉等学者（2020）以我国省级地区为研究对象，发现绿色信贷和绿色风险投资均能显著地抑制地区碳排放量，但绿色信贷的碳减排效果优于绿色风险投资，可能的原因是绿色信贷的整体规模和发展基础优于绿色风险投资，且绿色风险投资的相关管理办法和监测体系尚不健全。在城市层面，绿色信贷政策通过引导企业在源头上预防污染，减少了高污染企业在所在地级市的废水排放，且在高融资依赖度高的企业中的减排效应较为明显。

蔡海静等（2019）研究还发现受绿色信贷政策影响较大的城市在绿色信贷实施后 SO_2 和工业废水的排放量明显减少。学者们还通过构建宏观金融可计算的一般均衡模型（CGE）和非线性阈值面板模型，发现绿色信贷政策有效抑制了能源密集型产业的投资活动，可以通过提升区域绿色全要素生产率达到预期的环境规制效果（郭威，曾新欣，2021），且绿色信贷政策的监管功能有利于在产业增长约束下实现节能减排和减污降碳效应。

二、绿色信贷政策对微观减污降碳效应的影响研究

鉴于绿色信贷政策重点关注的是微观个体的绿色转型成效。所以，不少文献讨论了绿色信贷政策对微观企业投融资行为、创新行为和环境治理方式等影响效果及作用路径。绿色信贷政策实施会通过以下几种作用机制影响环保异质性企业减污降碳的效果。

一是影响企业投融资和经营绩效。从融资渠道来看，绿色信贷政策通过提高重污染行业的银行贷款利率来间接削减这些行业对高耗能产业的投资活动，银行对重污染行业企业的新增借款数额显著减少（蔡海静等，2019），该类企业的有息债务和长期负债也受到了负向影响。为保证企业的正常运营所需的资金供给，重污染企业会增加企业的流动负债，来作为银行信贷的替代性融资方式。与此同时，绿色信贷政策对重污染企业的融资惩罚效应，直接缩减了重污染行业企业的资本投资规模（周永圣等，2015）。所以，重污染企业对银行贷款的可得性降低，债务期限缩短，使其不得不通过减少生产投入和产出来完成目标排放物的约束目标，绿色信贷政策的出台造成了一些重污染企业因为融资约束增加而减少了资本投资，短期内对于该类企业的技术升级以及全要素生产率的改善则具有负面影响。以央行担保品扩容政策为例的绿色信贷政策，其显著提高了银行对符合标准的环保行业企业授信的积极性，且间接增加了重污染企业的信贷融资成本（郭晔和房芳，2021）。虽然，在绿色信贷政策的影响下，工业行业大幅度减少了 CO_2 的排放，但却使得行业内绝大多数相关企业陷入了不可持续的发展困境（丁杰，2019）。从经营战略渠道来看，绿色信贷的实施会使"三高"（高污染、高排放、高耗能）企业出于经营成本的考虑在常规生产与转型升级之间进行抉择，重污染企业考虑到内外环境环保力度加强时会优先选择增加环保治理投资，减少生产性投资（陆旸，2011）。此外，金融系统还能够通过定价机制与激励机制作用的发挥，激励落后产能的企业进行转型升级，从而实现经济与节能减排的协调发展。Wei 等（2022）学者对绿色信贷政策（GCP）和地区 $PM_{2.5}$ 的因果关系

进行论证，证实了 GCP 对降低 $PM_{2.5}$ 浓度有显著的正向影响。空气质量作为一个领先指标，有助于企业预测银行信贷偏好的变化，动态调整其融资策略。

二是通过企业绿色技术创新的作用。绿色清洁技术作为企业绿色转型的重要条件，当前仍然处于"绿色技术升级陷阱"，而企业的绿色转型需要强大的资本支持来突破绿色技术瓶颈，故而绿色信贷对企业绿色技术效应的影响受到了学者们的重点关注。绿色信贷对环保类企业绿色项目的大量资金支持会对其绿色创新绩效有显著的提升作用，有学者从绩效差距的视角，在"成本合规"和"创新补偿"的假设下，发现了绿色信贷对重污染企业的绿色技术创新有负向影响。但在考虑了业绩差距之后，这种抑制作用只在业绩亏损的公司中发现。相反，当企业存在绩效顺差时，绿色信贷政策能够有效促进重污染企业的绿色技术创新水平。而且，绩效顺差的助推效应在非国有、规模较大和金融发达地区更为显著。所以，绿色信贷在一定程度上会调整重污染行业的技术结构，为了企业的可持续发展，受银行信贷与商业信用双重约束的重污染企业显著增加了绿色研发投入（陈幸幸等，2019），但绿色信贷政策实施可能会导致以下几种结果：第一，重污染企业按照要求进行技术改造，治理环境污染达到规定标准以获取银行贷款，但短期内很难实现技术升级，为缓解当下困境，企业可能会把用于研发活动的资金转向污染末端治理，与绿色信贷政策制定的初衷相悖（孟科学和严清华，2017）；第二，重污染企业选择其他渠道融资，减少从银行获取信贷资金，绿色信贷政策难以影响其绿色技术创新，并且对重污染企业的绿色创新有一定的抑制作用，但从政策的长期动态效应来看，其抑制作用逐渐减弱。该政策还促进了积极履行社会责任的重污染企业进行绿色转型（曹廷求等，2021）；第三，重污染行业企业如若既无力改善其减污降碳现状，又无法从其他途径获取资金的企业，将逐渐减少生产，转行或退出市场（王保辉，2019）。由上述分析可得，虽然对于环保友好行业企业来说，绿色信贷对其研发活动产生一定程度的激励效应，并非所有带有绿色标识的企业都能对绿色信贷政策做出积极响应，积极参与绿色创新活动。所以，绿色信贷政策对重污染企业技术创新的作用效果，还存在很大的不确定性，其减污降碳效应也存在一定的不确定性（于波，2021）。

三是通过环境信息披露和改变节能减排方式。绿色信贷政策的实施使得商业银行将企业的环境表现纳入授信监管体系，为绿色产业目录相关的项目提供更多金融资源。由于现在环境监测体系尚不完善，企业是否存在"漂绿"行为难以通过第三方机构核查去直接观测，所以，重污染企业必须通过主动披露环保信息和承担 ESG 责任，通过信号传递来获得与同行业的环保友好型企业同等的绿色发展机会，在此基础上，绿色信贷管理体系中对风险的控制是对生产源头的污染风险控制，而不是结束生产的末端治理。在企业社会责任水平不断提高的情况下，为达成绿色信贷政策环境风险评估的基本要求，企业会逐步使用前端治理和绿色办公替代成本高、效率低的末端治理，最终降低了企业开展末端治理的可能性（斯丽娟和曹昊煜，2022）。随着重污染企业环保意识的不断增强，绿色信贷在一定程度上提升重污染行业企业对自身绿色转型活动的投资水平，体现出绿色信贷政策能够为重污染企业的资金合理投向产生"信号引导效应"（舒利敏和廖菁华，2022）。在绿色信贷政策产生的信息传导渠道下，能够进一步增加企业环境信息透明度和环境社会责任意识的增强，不仅能够实现环保部门监管和金融部门对环境金融风险的管控下的部门联动，同时也向资本市场传递了强化对企业环境监督的信号，从而通过降低外部债权人对重污染企业提供债务资本的意愿来减少内部的污染物排放强度，倒逼重污染企业通过绿色转型来获得绿色金融的支持（吴超鹏等，2012）。

第四节　文献述评

根据前文的分析，可以得知，在当前"双碳·双控"目标确立和各方环保措施并举的情况下，地方政府和相关行业企业所面临的环境治理压力日益增加，而在环境治理责任共担的情况下，地方政府会通过"自上而下"的环境治理方式，将环境治理压力传递给管辖区域内的微观个体，将宏观治理目标分散为微观层面的排放标准。所以，"三高"企业面临着比其他行业企业更多的绿色转型压力、节能减排成本居高和减污降碳困境。而对于处于非重污染行业的金融机构来说，也为其支持绿色低碳转型发展提出了新任务和新要求。

从当前的研究结论来看，刘锡良和文书洋（2019）采用上市企业银行贷款数据，通过事实分析，得出当前重污染行业的信贷规模占信贷获得量前十的总行业信贷规模的 60%，且贷款规模前十的行业的污染物排放将近其他行业的两倍，若长期保持这样的信贷资源配置扭曲将会使"三高"产业陷入不可持续的恶性循环，无法合理统筹规划经济高质量增长与"双碳·双控"目标之间的关系。且有不少研究指出，绿色信贷政策能否带来减污降碳效应取决于政策实施是否程度完善、监管是否公开透明、银行对绿色信贷业务的推广是否积极有效、微观企业的经营决策是否清洁等多方因素，当前阶段银行和企业面临由于环境保护责任和治理带来的投资不足、效率低下、盈利困难以及债务压力增大等风险。而且"三高"企业面临着严苛的环境规制手段和巨大的减排压力：包括分阶段减排目标的软硬环境约束；绿色信贷融资标准严格、门槛高造成的融资难问题；环境治理多为末端治理的恶性循环、绿色低碳技术处于低端锁定状态、多样复杂的环境问题日益突出等低碳转型困境。在过去的发展阶段，大多数高盈利企业均属于重污染行业企业，大多数属于资本密集型行业，具备强大的抵押能力和风险规避能力，更容易得到银行的优惠贷款和支持。钢铁、煤炭等"两高一剩"严重的行业企业，生产规模虽大但经营效率低下，其不可持续发展路径会给当地经济和就业带来较大的冲击。地方政府为维持当地社会稳定就业和传统工业经济发展，当这类企业出现经营不善时，会实施救助补贴。且当地商业银行为规避大型企业破产形成即时的不良贷款风险，也会向其盲目支援，滋生出大批"僵而不倒"的重污染僵尸企业。区域的僵尸化程度高，一些低端劳动力会替代高端劳动力，占据大量劳动力和资本要素和信贷资源，进而扭曲了地区信贷资源配置，通过信贷挤占效应阻碍地区碳排放绩效的提升（吴佳慧等，2020；邵帅等，2022）。

综上所述，绿色信贷政策能够通过促进宏观层面的规模效应和结构效应，加强中观层面的产业结构升级和能源结构调整，以及改善微观层面的企业绩效、提升企业的绿色技术创新水平等途径来产生并促进减污降碳效应。然而，我国当前复杂多元的环境问题造成的内外约束导致绿色信贷政策体系仍处于强化和完善阶段。此外，绿色信贷政策实施对企业减污降碳效应的影响也具有很大的不确定性。因此，从不同的发展阶段出发，来考察绿色信贷政策的实施能否有效提升企业减污降碳绩效，且能否通过宏观层面的调控协同机制以及微观层面的个体行为调整来助企纾困、助力我国实现"双碳·双控"目标仍需要进一步的检验。结合前文对研究现状的梳理，本书以期在以下几个方面对已有的研究结论进行丰富和拓展。

第一，在理论研究方面，大多数文献讨论了绿色信贷对企业的人力和资本投入方面的支持效果，且仅讨论了 CO_2 和其他重点污染物的减排效果，很少文献将 CO_2 排放、主要污染物排放和能源消费纳入同一理论框架体系中，从金融部门角度去刻画异质性企业的环境策略性行为和环境绩效，从企业的现实需求来寻求绿色信贷如何通过为绿色企业融资纾困、为重污染企业开辟绿色转型道路来实现经济社会的绿色可持续发展。

第二，在研究视角方面，前人关于阶段性绿色信贷政策影响微观层面的环保绩效的机制讨论，很少涉及与绿色信贷政策同期执行的环保政策间的叠加效应和协同效应，以及环境监管对绿色信贷政策执行效果的门槛作用。此外，当前虽有较多文献讨论了绿色信贷政策与企业绿色技术创新之间的关系，但是缺乏对行业内和行业间的"知识溢出"现象的考察，而实际上非正式的协作创新网络更符合当前我国技术创新环境的实际情况，因此，本书探讨了绿色信贷政策下行业内和行业间的绿色技术溢出效应，明确了企业间在绿色技术创新供需关系中的角色和分工，解锁了绿色技术创新可能存在的技术效应和传导路径，丰富并拓展了该研究视角下的研究结论和启示。另外，大多文献缺乏对各层面异质性影响因素的深入研究。绿色信贷政策引起金融机构的信贷资源配置变动的前提是其对异质性企业的非对称影响，而多数研究仅关注绿色信贷政策对重污染行业企业的平均处理效应，并未深入探讨其对异质性企业的影响。本书将不同绿色信贷政策构建阶段的绿色信贷政策实施效果分别围绕棕色企业和绿色企业展开讨论，此外，在补充绿色信贷政策在微观层面的经验证据的同时，为优化和改进完善绿色信贷政策提供了政策启示。

第三，在研究方法方面，鲜有文献通过构建现金流敏感度模型，并从央行对银行采取的绿色信贷相关的结构性货币政策调控视角来探讨微观企业的现金敏感性问题。当前采用现金—现金流模型对新型货币政策的担保品框架及企业缓解融资约束的研究较为少见，本书通过将现金流敏感度模型纳入央行，将商业银行的绿色信贷业务纳入宏观审慎（MPA）框架这一政策冲击中，通过构建相关计量模型，去观察新型货币政策担保品框架是否有效缓解企业的融资约束问题，对于央行如何运用货币政策工具和手段发挥绿色信贷政策的激励作用和进一步明确绿色金融发展的基本原则具有一定的现实指导意义。

第三章　理论框架分析

在基于上文分析内容的基础上，本章的第一节将围绕可持续发展理论、信贷配置理论、知识溢出理论、协同治理理论等基础理论来分析不同阶段的绿色信贷政策的实施与企业减污降碳效应之间的理论联系，为本书研究假说的提出提供理论依据并指出研究重点；第二节主要通过联系前人的研究思路进行拓展，具体对绿色信贷政策的实施能够发挥出怎样的减污降碳政策效应，又可以通过哪些渠道来影响其政策效力进行分析，根据前期理论分析和既有文献的研究结论提出本书的研究假说；第三节则对本书涉及的核心指标进行概念界定，并且对其测算方法的选择以及指标选取进行系统性阐述；第四节对本章得出的基本结论进行总结。

第一节　理论分析

一、可持续发展理论

伴随着第一次工业革命下的"动力革命"的结束，由蒸汽动力燃煤引发了较为严重的空气污染危机，其过程中排放的大量 CO_2、粉尘和含硫气体造成了早期工业化国家的毒雾事件，使得自然界和人类感受到了史无前例的环境负外部性下的生存威胁，其中包括著名的"马斯河谷烟雾事件""洛杉矶光化学烟雾事件""伦敦烟雾事件"等。此后，电气化拉开了第二次工业革命的序幕，各个国家在工业化进程中又增加了材料开发，使得化学工业得到迅猛发展，在原来空气污染加重的基础上又造成了严重的水污染，大量工业废弃污染物的直接排放和农药化肥的过量使用也引发了以"泰晤士河之殇：霍乱与河流污染事件"为代表的水质和土壤污染事件，此外还出现了过氧化氮污染、光污染等新污染问题；此后，人类文明史上的科技革命作为前两次工业革命后又一次重大飞跃，加速了第三次工业革命，是一场能够同时实现核技术、信息技术、新能源技术、新材料技术、生物技术等诸多领域全面开花的一场信息控制技术革命，同样也触发了核污染和电磁波污染，使得污染问题趋于多元化和复杂化。相比较而言，由工业革命引发的不可持续问题已引起全球各方的广泛关注，并且相关国家也出台了相关规章制度来遏制环境破坏行为，可持续发展理念也在 20 世纪 50 年代应运而生。

第三次工业革命以后，人口规模开始迅速扩张以及区域间人口流动不断增加，各国普遍意识到，一味地追求宏观意义的经济增长和微观意义上的利润最大化并不是社会发展的本质，也没有实现资源的合理配置。粗放式的生产方式、无节制的资源开采、"先污染，后治理"的发展模式将激化人与自然，以及各层面、各主体间的矛盾，前期的不可逆环境污染行为造成的不可持续性为人类的生存问题敲响了警钟。1972 年 6 月，在瑞典首都斯德哥尔摩召开的联合国人类环境大会，作为全球各国政要、联合国以及国际社会组织代表共商共议环保问题和解决方案的第一次国际会议，也是人类讨论可持续发展理念的里程碑会议，且会议一致通过了《人类环境宣言》。世界环境和发展委员会的相关报告在讨论到增长和发展的关系时，也将"可持续发展"替代了"增长极限"。1992 年，在巴西里约热内卢召开了联合国环境与发展大会，众多国家领导人和国际社会组织在会议上达成了《里约环境与发展宣言》《联合国气候变化框架公约》等多个重要的纲领性文件，以可持续发展的基本思想来指导各个国家经济发展方式。之后，各国政府通过各种方式来努力界定和践行可持续发展理念。各个研究领域的学者围绕可持续发展理论展开了丰富的研究和讨论。

可持续发展理论是基于社会、经济、人口、资源、环境相互协调和共同发展的理论和战略，包括生态可持续发展、经济可持续发展和社会可持续发展三个重点方向。以保护自然资源环境为基础，以激励经济发展为条件，以改善和提高人类生活质量为目标，宗旨是既能相对满足当代人的需求，又不能对后代的发展构成危害。广义的"可持续发展"主要是界定了其生态含义，着重强调了自然以及人与人之间关系的平衡，指的是在一定时空状态之下，自然、社会、经济三方系统实现持续协调的发展（黄天航等，2020）。而狭义的"可持续发展"则从经济和社会角度对其定义，关注的是国民经济发展与环境外部性之间相关性的协调，一切生产生活活动的前提是以实现环境的公平和效率，只有保证了生态环境的可持续性和环境责任承担的公平性，才能更好地提升经济增长速度和生存环境质量，既要满足当代人的发展需求，也不破坏和剥夺子孙后代的生存环境和权利（布莱特，1987；曾珍香等，1998；颜廷武，张俊飚，2003；王松霈，2003；苏冬蔚和吴仰儒，2005；

商华和朱健建，2020），综合来看，学者们不论是何种方式、任何角度的定义和讨论，都主要涵盖了经济、环境、社会这三个重要方面的不同目标，Barbier（1987）将其概括为如图 3.1 所示的关系图。

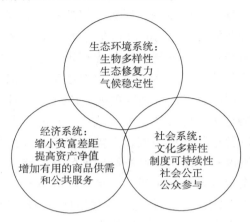

图 3.1　可持续发展目标示意图

在此基础上，学者们研究得出可持续发展内涵下存在"强"和"弱"两个标准：　"弱"可持续性标准指的是人类生存发展所需资本存量的可持续性，即当代人为后代人所留资本存量需大于现有存量，加大对生产资本存量、自然资本存量和人力资本存量的积累程度，在维持原有福利水平的基础上，进一步积累可供后代经济个体享用的资本财富，所以也被称为"索洛—哈特威克可持续性"；与"弱"可持续性标准不同的是，"强"可持续性标准提出的前提是考虑到了自然资源与其他资本要素间的替代性会受到一些条件的局限，当资源消耗殆尽时，其他资本要素的积累对可持续发展来说几乎没有意义和价值。由自然资本要素自身的稀缺性和不可再生性，导致了其对于内外其他形式的资本要素间的不可完全替代性。因此，"强"可持续性的标准在于一些关乎人类生存和发展的重要自然资源的存量的积累，也就是在"弱"可持续性之上再加入对维持既定自然资源存量，这样的条件不是单指封存自然资源，而是在合理利用的同时加大对可再生能源的开发力度，维持自然资源总量的动态均衡，另外，对于一些无法和其他资源相替代的不可再生资源，比如煤和石油等化石能源，需要维持该类资源的生态极限，对其消耗速度要低于它们的替代极限和再生速度。所以，"强"可持续性的标准是在维持财富资本总量之外，重点需要积累自然资源资本，尽量减少当前生态资源的过度利用对子孙后代发展的不利影响。这两种标准的共同指向是经济效益最大化的前提应满足环境资源的外在约束下来满足经济社会的发展需求（李志青，2003）。在两大标准下，学者们又提出了可持续发展理念下的三个原则：可持续性、公平性和共同性。这三个原则进一步强调了可持续发展不应该只关注代际间的可持续性，还应该关注层级空间的平等维度，即区域间的公平性，以及环境治理和节能减排之间的协同性（周海林，2002）。

我国是践行和研究可持续发展理论的先行国，也是人口众多、资源禀赋相对不足、环境治理压力相对较大的国家。自改革开放以来，党中央、国务院对中国的可持续发展一直保持着高度重视。1994 年 3 月，国务院通过《中国 21 世纪议程》，确定了实施可持续发展战略。党的十九大报告更是将可持续发展战略确定为决胜全面建成小康社会需要坚定实施的七大战略之一。如何对可持续发展的测度和我国实现可持续发展的有效路径一直都是学者们的重点研究领域。从宏观区域层面来说，一是将区域可持续发展战略定性为阶段性目标（吕永龙等，2018）；二是通过构建指标体系对整体评分或可持续发展理念中提到的某一方面的发展水平或能力进行评价，例如创新效率（汪涛等，2020）、生态效率、城市韧性和灾害管理能力等；三是量化外生性因素对区域可持续发展造成的影响程度，主要包括金融发展水平、发展差距、可及性、公众参与程度等。此外，大多文献研究区域层面的可持续发展路径是区别于资源型城市和非资源型城市进行研究，对于资源型城市，实现可持续发展的路径包括提高用能效率、限制不可再生能源的过度使用、优化产业结构和能源结构（周宏春等，2021；汪涛等，2021）；对于非资源型城市，实现路径还有要素市场优化资源配置、引导中高端产业集聚等（付奎等，2023）。在微观企业层面，企业的全要素生产率的提升是衡量可持续发展水平的关键指标（王茹婷，2022；王贞洁和王惠，2022；张少华和陈慧玲，2021），企业的可持续发展途径包括提升企业家精神和投资者信心（卜美文，2022）、环境会计信息披露、技术创新、清洁化生产、完善环境绩效考核制度、股权激励、调整融资结构等（唐清泉等，2009；吴剑峰等，2022；董竹和金笑桐，2021）。

本书的研究出发点就是探讨不同阶段的绿色信贷政策的实施对企业减污降碳绩效的影响渠道和影响效果，绿色信贷政策对企业环保行为的引导不仅能够体现出银行部门通过金融结构的优化和金融资源最优配置来服务经济可持续发展，更体现出了政府和市场如何与金融部门协调配合来更好地将可持续发展理论和新发展阶段的现实情况相结合。

二、信贷配给理论

信贷配给理论是研究以银行为主体的金融部门金融资源配置行为的经济学基础理论。信贷配给理念最早被提出是在 1776 年亚当·斯密的《国富论》中，当市场利率严重低于出清水平，实际可供使用的货币价格也会低于货币使用全值，借款人不得不需要增加额外的费用来激励债权人出资，这便是信贷资源的非价格配置，即信贷配给。在信贷可获得性假说下，信贷配给可以解释为独立于利率机制的信贷可得行为，属于由外生制度约束造成的一种长期非均衡借贷现象。在新凯恩斯主义者的大量研究下，信贷配给理论框架基本成熟。直到 20 世纪 50 年代，在凯恩斯非市场出清理论以及博弈论的提出下，发展成为现代信贷配给理论，该理论认为：在完全市场理论场景下，银行的放贷供给量是银行利率的单调因变量，可以通过调整贷款利率达到借贷之间的供需平衡；而银行在现实中是处于不完全市场中，面临着由信息不对称造成的道德风险，银行为规避该风险下的损失，会通过非价格手段来配置信贷资源，当债务人达成与银行间的契约条件，在市场出清时会出现借贷双方的激励相容，信贷配给就此产生。

信贷配给指的是在固定利率且存在借款方超额资金需求的条件下，银行在无法提高利率的情况下，提出了非利率贷款条件，使得一部分无法满足贷款条件的贷款方退出借贷市场，以通过消除超额需求的方式来达到供需平衡。其中，宏观角度的信贷配给理论提出在固定的利率条件下，信贷配给市场的资金需求大于供给；微观角度的信贷配给理论包括以下两个方面：（1）申请贷款的债务人中只有一部分人的申请可以通过，而另一部分人即使接受高利率贷款也无法获得资金；（2）申请到贷款的贷款人的贷款申请款项只能部分被满足。而在对信贷配给产生原因的探索中，20 世纪 80 年代，学者们通过构建 S-W 模型来解释和阐述信贷配给产生的主要原因是逆向选择和道德风险。该模型指出银企之间的信息不对称下产生的逆向选择使得利率与贷款的供给曲线变成了非单调性，在没有外生制度约束和市场垄断的情况下，信贷配给现象会长期存在，银行也就无法在信贷市场中实现信贷资源的最优配置，这个时候则需要政府部门进行行政干预。结合实际情况，产生这种现象的另外一个原因是利率因素。由于借贷过程中存在很多不确定下的借贷风险，银行在放贷之前，会对贷款人现在的经营能力和未来的还款能力以及贷款去向进行评估。但是相关制度体系和监管体系没有完善，双方间往往会存在信息不对称，银行无法精准掌握贷款人的真实情况，也无法追踪贷款用途和去向。

所以，当银行利率上升时，收益稳定且额外资金需求不大的企业会减少银行贷款，而一些存在经营不善、有隐性违约风险，且急需资金支持的企业仍然会向银行申请贷款，同时当银行利率水平较高时，企业一般会将贷款投入风险相对较高的生产经营活动中，存在严重的道德风险。银行在信息劣势的情况下，其利润与利率间就呈现出负相关关系。因此，银行会通过利率和抵押贷款的正向选择效应和反向选择效应去甄别企业。银行为实现利润最大化，会按照这两种效应相抵消时的利率以及抵押品的现实价值来确定最优利率和最优抵押品水平，则会导致一些企业无法正常经营而引发社会问题。政府为了维护社会稳定，在这个过程中以隐性担保或信贷补贴的方式，为更多具有良好发展前景的企业缓解融资约束，以助企纾困的方式来促进技术进步、稳定经济增长和解决就业问题（李增福等，2022）。

所以，银行的信贷配给理论主要分析了银行在信息不对称的情况下，在信贷配给过程中通过减少放贷的方式来化解与不同性质企业之间可能存在的信贷违约风险，除了将一些不确定因素纳入决定是否放贷的约束条件之外，央行的宏观金融政策的干预也有利于强化银行的信贷资源配置功能，有效防范和规避系统性风险，更好地服务实体经济（李建军等，2020）。学者们结合信贷配给理论的基本思想，总结出可能会对商业银行信贷配给歧视造成影响，且实现信贷资源有效配给的渠道主要包括以下几个方面：央行货币政策调控、银行渠道不良贷款的增加、外资银行进入、银行业竞争程度、数字金融发展水平、企业相关信息披露程度（金友森等，2022；龙海明和王志鹏，2017；黄益平和黄卓，2018）。

根据第二章对绿色信贷政策的相关分析，可知绿色信贷政策其本质就是国家通过引导商业银行在对企业设立信贷约束标准时，也要将企业的环境治理绩效纳入考核范围，相当于对重污染企业加大了信贷配给歧视，给予绿色企业低利率的优势，将企业的绿色可持续发展作为商业银行的信贷配给条件，使得金融资源优先配置到节能减排和清洁生产领域。这一金融手段不仅可以实现宏观层面的绿色可持续发展，还可以在微观层面激励银行和企业主动履行环境社会责任、助力银行有效规避由环境治理不善导致的信贷风险、有效提升企业绿色技术创新水平和绿色全要素生产率、倒逼重污染企业绿色转型、缓解绿色企业的融资难融资贵问题以实现金融资源配置的绿色化，实现微观行为与宏观战略层面的协同和双赢。

三、融资约束理论

融资约束作为资本市场失灵的普遍现象之一，也是由于信息不对称造成的。20 世纪 50 年代，Modigliani 和 Miller（1958）提出了 M-M 理论，该理论认为，在一个完善的资本市场中，企业内部流转的资金与外部融资是有完全替代性的，自身的资本构成不会影响其投资和融资决策。但是，在现实环境中，这种均衡状态很难出现，委托代理和信息不对称导致的诸多不确定性会加大企业外部融资成本，使得企业的投入产出效率降低，盈利能力受阻，创新动力不足，企业发展受到了融资约束的制约。所以，融资约束主要是由企业内外融资成本差异造成的企业融资难问题。1984 年，Myers 在信息不对称理论的基础上，研究了不对称信息对企业融资成本产生的影响，将融资约束理论进一步解释为"优序融资理论"。该理论认为，当企业面临信息不对称问题较多时，会优先考虑成本相对较低的内部融资，当内部融资也无法满足其生产和扩张生产规模的需求时，企业不得不采取外部融资方式且债券融资会优先于股权融资。这是因为当企业通过发行新股进行项目融资，会发生逆向选择问题，会导致项目对应股票的股价下跌，反而加大了股权融资成本。但从另一方面来看，由于企业面临的融资约束会制约其盈利目的，因此，企业会更进一步优化经营方案、资本结构，积极披露自身的相关信息，不仅可以有助于借款方甄别可控范围内的风险，还有助于市场更好地发挥监督职能。Hubbard（1998）的研究认为，当企业处于相对完善的资本市场时，资本供给曲线是一条水平线，此时，企业外部融资成本等于内部融资成本。在不完善的资本市场条件下，各种市场摩擦因素导致了企业外部融资成本高于内部融资成本，资本供给曲线在超过企业内部资金积累点后向上倾斜，随外部融资受限程度提高而越发陡峭，企业实际投资水平将会低于最优投资水平。所以，不完善的资本市场中的企业的外部融资会受到牵制，融资约束问题就此产生。

　　自从西方学术界开创融资约束理论以来，国内外相关研究围绕以中国为代表的发展中国家融资约束的成因和解决途径进行了深入讨论。融资约束虽然一直以来都是国内外企业在经营与发展过程中的瓶颈问题，但是在不同性质国家间并不是通用的。从理论角度来看，融资约束理论是由西方发达国家的学者最先提出的，且是基于西方国家的金融市场、经济制度、产权制度、市场环境所构建的，而处于新发展阶段与正在构建新发展格局的中国在不同发展阶段的发展特征与西方国家截然不同，虽然中国仅用几十年的时间就完成了西方国家几百年的工业化进程，造成融资约束的成因也更加特殊和复杂，且主要体现在政府干预和金融市场管制两方面，而非资本市场摩擦和流动性约束导致的。我国金融市场存在无风险利率和风险定价偏高的特征，导致了企业融资成本一直处于较高水平，同时，我国由于转轨前实行的是计划经济，在这种制度之下证券发行等外部融资是受到管制的，合理的市场管制会为资本市场运行秩序提供保障，但是过多的市场管制带来的制度摩擦将会扭曲资本价格，使得金融市场的外部融资方式无法正常开展，对企业融资约束起到了反面作用（Allen，2005；陈道富，2015）。学者们研究得出缓解融资约束的渠道主要包括以下几个方面：完善金融市场环境、充分的信息披露和高质量的会计信息、融资渠道拓展、内外治理环境的整顿等途径（姜付秀等，2017；Chong 等，2013）。

李春涛等（2020）学者认为，融资约束和信贷配给是我国工业企业绿色创新和持续良好经营的重要影响因素。所以，本书基于融资约束理论，讨论了重污染企业和绿色企业面临的融资约束条件，探索异质性企业在处于我国现阶段的融资约束环境下的融资决策和治理方式，分析异质性企业如何应对由绿色信贷政策实施所引发的融资惩罚和融资激励效应，重点阐述棕色企业如何通过调整融资结构和融资渠道以及治理方式来缓解环境治理问题导致的融资约束问题，在绿色信贷支持下的绿色企业能否达到助企纾困的目的和预期的环境治理效果。

四、知识溢出理论

知识溢出现象源于一地区、行业或企业发展到一定规模时产生的技术或人才流动的外部性，知识溢出带来的价值可以转换为良性竞争环境中的额外收益。最早提出外部经济现象的学者是马歇尔（1920），他和他的学生庇古解释了外部效应，在只有两个主体存在的服务市场中，在第三方不存在直接参与的情况下，间接受到了正向或者负向的影响，受到正向影响的双方不需要替处于服务中的收益第三方支付相关成本，第三方受到负向影响时，也不会由其他方进行赔偿，这种溢出性影响被庇古称为外部效应。此后，Arrow（1962）结合外部性效应对经济增长与外部性效应之间的关系进行了研究，将由知识带来的利润设定为不由市场和厂商来支付的附属品，成为厂商的额外投资，在一定程度上有效提升了生产效率。这种知识产品一般是指技术创新。在不断吸纳人才和技术引进下，伴随着技术水平的提升，厂商的规模报酬不断递增，当企业以技术创新为手段来对生产要素进行优化配置时，不仅可以实现投入要素的集约化利用，生产力水平由规模报酬不变向规模报酬递增转变，而且在其正向引导作用下社会的总量生产函数生产率也会有所提升，行业的整体发展水平也会呈现出一定程度的提升，从而导致整个社会规模报酬递增。但"干中学"模型的缺陷在于混淆了渐进式创新和突进式创新，忽略了研发活动所带来的技术进步。

罗默（1986）基于 Arrow 的"干中学"模型思想，提出了知识溢出模型，并构建了知识生产函数，将知识作为总量函数的内生变量，即 $y_i = f(k_i, k, x_i)$，其中，k_i 为个别厂商的知识水平，x_i 为该厂商的资本投入中的有形投入，k 为所有厂商的总知识水平，对于个别厂商来说，k 是既定的。对于所有厂商来说，对于任意 $\lambda > 1$，有 $f(\lambda k_i, \lambda k, \lambda x_i) > f(\lambda k_i, k, \lambda x_i) = \lambda f(k_i, k, x_i)$，则整个经济表现为规模报酬递增，在相同或相关的行业内，企业开发和引进先进技术所产生的知识溢出效应，对产业结构有直接或间接的影响，推动整个社会的经济增长。

后来学术界将以上三者提出的知识溢出理论归纳为马歇尔—阿罗—罗默（MAR）外部性。MAR 外部性强调某一行业的积累促进了企业间、行业间的知识溢出，实现了产业经济的协同发展。厂商之间采用不同的方式来模仿和交易的方式引进生产经验、技术设备和技术人员，使得先进的生产经验和技术能够在邻近行业关联厂商之间传播扩散。Stiglitz 与 Dasgupta（1980）在 MAR 外部性的基础上进行了拓展和完善，在区域层面，区域垄断相比于区域竞争对经济增长产生的积极影响要更为明显，它能够将知识溢出效应只存于同区域的企业和行业，且只保证了同区域的企业能够受到正外部性的影响作用，拉大了与其他地区间的发展差距，以技术优势拉动了该类地区的经济增长和创新水平。在企业层面，Bilderbeek 等人（1998）认为知识溢出是厂商能够从其他关联厂商所进行的创新活动中获取生产经验而不需要支付对方的研发成本，其中知识溢出程度与空间距离有强相关性。Krugman（1991）将空间因素纳入了知识溢出的研究框架中，结合产业集聚理论分析得出技术进步具有明显的空间溢出效应，且知识溢出效应与空间距离呈反方向变动。知识空间溢出主要包括以下渠道：人才流动、产学研结合、供应链需求、区域间产业转移和投资（张玉梅等，2022）。但是，Jacobs（1969）研究却认为在有序竞争的环境中，异质性关联行业的多样化技术创新活动，是知识溢出效应的重要原因，而与地理专业化因素关系不大，这种知识溢出效应可以减少因产业集聚引起的拥挤成本，在实现技术供需市场平衡的同时，实现产业间的良性互动，更有利于产业结构从合理化向高级化转变。

由以上分析可知，技术溢出效应是知识溢出效应的主要表现形式，而环境治理成本过高和已造成的环境问题带来的负外部性的解决主要依靠技术创新，尤其是绿色技术创新，虽然绿色技术创新受研发收益不确定性和知识溢出外部性的制约性较大，但绿色技术创新相比于传统技术创新，其通用性更强，能够对不同行业产生影响，其复杂程度和技术含量也远远高于非绿色技术，在产业内将产生更强的知识溢出效应，在带来环保效益的同时，推动了社会后续绿色创新和非绿色创新。而本书关注的绿色信贷服务，可以为一些自主绿色技术创新主体提供更多资金援助，当该类企业的绿色技术水平发展到相对成熟的水平时，也可以为同行业处于绿色技术瓶颈的企业提供更多技术示范，助力实现绿色技术产业链、创新链、资金链和人才链深度融合。

五、协同治理理论

协同治理理论起源于德国物理学家赫尔曼·哈肯（1970）创立的协同学，与社会科学中治理理论核心观点相结合演变为协同治理理论。John Donahue（2004）最早对协同治理进行了界定，他认为协同治理是公私部门为实现共同目标而产生的一种治理方式。其中，协同治理理论主要包括了以下几个特征：（1）治理主体的多元化。参与治理的个体不再仅仅局限于政府部门，同时还包括其他有直接关联的多元主体。（2）治理主体的平等性。不论在治理过程中是管理还是被管理的角色，其治理权益是相当的，也不会存在以损害某一方利益为代价达到最终目的。（3）治理主体的目标统一。各相关主体在共同目标和利益一致的驱动下，进行自主合作。（4）治理主体的联动性。各利益主体间在政府部门的协调作用下，在协同过程中信息共通共享，实现横向互联、纵向互通的良性互动局面。协同治理定义为政府部门间、政府与企业间、企业与企业间、政府与公众间、企业与公众间存在共同目标，在治理过程中的每一个环节积极参与，致力于统筹协调各方的步调一致下的利益一致。在宏观治理方面，以我国总体治理体系为例，国家会根据不同区域的社会经济发展水平和资源禀赋的差异，制定差别化发展目标，在横向和纵向建立组织间、组织和个体间的沟通协调一致，例如区域发展一体化和区域污染协同联防联控等举措。对于改革治理系统来说，不同层面、不同领域的内部机制虽然相似，但却是独立运行的。随着改革阶段性目标的不断达成和改革措施的不断深入，各主体在各环节的配套举措是相互关联的，而社会发展最终目标的实现不仅要考虑系统分布式的目标，也要考虑改革举措在不同场景设定下的动态调整，这其中就包括了两种协同：顶层设计的制度方案与配套性改革的协同性、制度方案与经济技术条件的协同性。整个社会治理系统是否能高效运行，需要平衡到诸多差异性，尽可能减少系统的摩擦成本，提高系统的输出效率（张树华和王阳亮，2022）。另外，马道明

（2009）提出的五律协同理论认为，自然、社会、经济、技术和环境领域中的五大规律的协同性对规避社会系统性风险有一定的效果。在微观治理方面，嵌入制度环境中的企业或行业，除了在响应和遵从现有制度之外，其发展到可以影响宏观环境时也会反作用于制度的制定，尤其是在转型经济中，制度的不完备为其提供了较大的议价能力，使得微观组织能够积极反馈自身的发展诉求，进而影响到政府对制度决策的调整。因此，宏观决策和微观发展之间是一种相辅相成的关系，且微观组织可通过信息和政策渠道、政治关联、企业发展规模等因素的影响来加持宏观—微观协同治理的正向效果（何轩和马骏，2018）。

综上可知，从协同治理理论的维度分析可以得出，协同治理实质上有不同的划分方式，不同的划分下又可以形成不同的治理类型，除了协同治理的多中心主体划分外。从协同治理的方式来看，可以分为并行方式和串行方式，并行方式强调了协同主体的平等性，各主体都需承担同等的责任；串行方式则以政府为主，其他组织作为制度安排的推行者。从治理效应来看，也分为正向效应和负向效应。

党的二十大报告提出要实现人与自然和谐共生的现代化，其中最重要的是要兼顾生态文明建设和人民获得感和体验感相统一，实现环境与经济协同发展。所以，推动经济与环境的协同高质量发展是现阶段我国治理体系顶层设计的主要依据和核心目标（陈诗一等，2021）。本书的研究重点落脚于企业的环境治理绩效，来探讨在不同阶段国家对绿色信贷政策的实施会与其他政策对环境治理绩效产生何种协同治理效果，银企之间的协同关系对环境绩效会产生怎样的影响，不同治理方式下不同重点污染物排放是否存在协同减排的效果？政策协同这些问题的解读将为我国现行环境治理体系优化和现代化建设方向提供一定的边际贡献。

六、新结构经济学理论

新结构经济学认为，一个经济体的产业结构和技术结构内生于该经济体的要素禀赋结构，与产业、技术相适应的软硬基础设施也因此内生于该时点的要素禀赋结构，与此同时，一个经济体的要素禀赋结构是随时间动态变化的（林毅夫，2011）。将新结构经济学的核心思想运用到企业绿色转型上，可以解释为，转型国家在设计和推进金融制度改革时，应当根据自身所处的发展阶段和制度环境选择相适应的阶段性的转型目标和转型方式。在转型方式方面，考虑到经济转型、资本积累和企业自生能力状况的改善都不可能一步到位，因此转型国家的金融改革遵循渐进推进，转型方式遵循因势利导，即根据企业自力更生的情况，在保证社会稳定、维护国防安全和维系国计民生的前提下，逐步地消除市场中由政策引致的扭曲，以及政策实施过程中的扭曲（张一林等，2021）。

本书的研究逻辑将基于新结构经济学理论，首先，借鉴杨子荣和张鹏杨（2018）的新结构金融学的基本思想，将绿色信贷作为一地区特定时点的金融资源禀赋，将绿色信贷政策作为不同经济发展阶段下的制度安排，将提升企业的减污降碳绩效作为衡量每一阶段绿色信贷政策是否达到预期效果的重要指标，来评估阶段性绿色信贷政策的不断完善是否会逐步实现异质性企业CO_2和主要污染物排放效率的协同增效；然后，结合新结构经济学所提倡的在不同经济发展阶段，需要有效市场与有为政府间协调配合来引导企业转型发展的基本思想，在绿色信贷政策发挥金融资源配置功能的前提下，政府是因势利导的角色，银行是优化金融结构的角色，企业是达成宏观经济可持续发展的角色，所以，本书主要探讨了在我国绿色信贷政策实施所处的不同阶段中，政府制度环境、银行和企业行为调整、企业间绿色技术溢出等情况可能会对绿色信贷政策的减污降碳政策效果起到正向影响的作用路径和传导渠道。此外，鉴于绿色金融体系效率提升的关键在于改善异质性企业自生能力的问题，企业自生能力状况的变化有利于完善自身资金运转状况。所以，本书在讨论了绿色信贷政策的减污降碳效应之后，从企业的融资约束问题出发，来进一步讨论绿色信贷政策到了综合发展阶段是否对绿色企业起到助企纾困的作用，是否能够合理引导异质性企业调整融资渠道来有效改善自身能力。

第二节　研究假说

绿色信贷政策实施带来的微观层面减污降碳效应产生的理论基础如何去解释？其过程中会产生怎样的作用机制，本节将围绕这两个方面提出本书的研究假说。

一、绿色信贷的减污降碳效应理论研究

基于文章的研究目的，本书将围绕一般均衡理论和经济增长理论的多部门模型来构建包含信贷资源配置和环境污染以及碳排放的理论模型，在技术、消费者偏好和环境因素设定上沿用已有研究的假设，而模型设定的关键体现

在排放物性质以及金融部门的设定，研究信贷资源配置在绿色企业和棕色企业对经济增长、自然资源消耗、技术进步，以及各种排放产物排放强度的影响作用。借鉴弗莱克斯和罗歇特模型的思想，结合实际情况，设定经济社会中有两类企业提供产品：棕色企业和绿色企业，棕色企业大多是高污染、高排放、高能耗的行业企业，消耗的自然资源 E 和资本 K，且传统授信额度普遍高于绿色企业，但绿色企业在绿色技术因素要优于棕色企业且自然资源消耗较少，这一设定也较为符合中国信贷资源在行业配置的基本特征（Dong 等，2019）。这里假设的内生技术进步是指技术随着总体资本积累而提高。这里的技术进步设定在最终产品部门，可以证明，乘积形式的技术进步参数不论设定在哪个环节，模型的主要结论不变。

本节将构建绿色信贷与碳排放之间的一般均衡模型，借鉴文书洋（2019）和 Nordhaus（1993）的建模思想，将绿色信贷引入包含碳排放效用函数的经济增长模型中，来讨论绿色信贷如何实现降碳和经济增长。

（1）消费者效用函数

$$U = \frac{C^{1-\delta} - 1}{1 - \delta}, \quad (\delta > 0) \tag{3.1}$$

其中，C 代表了消费函数，δ 为风险厌恶系数，由于 CO_2 排放不会对消费者的健康状态造成负面影响，不属于污染排放。所以，在理论模型的构建中，一般不将消费者对 CO_2 排放的偏好参数纳入模型中。

（2）企业的生产函数

结合绿色信贷的贷款特点，模型中假设经济增长过程中有两类企业提供中间产品，一种是高污染、高排放、高能耗的棕色企业，记为 z 企业；另一种是低能耗、低污染的绿色企业，记为 g 企业。则两种企业的生产函数可设定为：

$$Y_g = E^{-\alpha_1} A_1 K_g^{\alpha_2} \tag{3.2}$$

$$Y_z = E^{-\beta_1} A_2 K_z^{\beta_2} \tag{3.3}$$

其中，E 表示温室效应下的能源消耗，而两类企业生产函数也考虑了能源消耗带来的损失，且 $0 < \alpha_1 < \beta_1$，$0 < \alpha_2 < \beta_2$，A_1 表示绿色技术进步，A_2 表示传统意义上的技术进步，K_i 表示资本投入。

（3）金融部门的相关设定

因为当前绿色信贷业务的受理主体是银行机构，所以，假设金融部门只有银行机构，由于银行机构本身不创造财富，只是通过吸收社会储蓄来发放贷款，企业的运行主体是消费者，所以企业的储蓄就是社会储蓄，社会储蓄由银行部门管理，企业生产所需的资金来源是银行的贷款提供，那么，K_z 和 K_g 是两类企业的贷款量，对应的贷款利息为 r_g 和 r_z，则金融机构的利润可表示为：

$$\pi = r_z K_z + r_g K_g - r_s K \tag{3.4}$$

其中，K 是贷款总量，且 $K = K_g + K_z$，假设银行在存贷款市场是完全竞争的，存款利率为 r_s。在平衡增长路径中，假设银行将比例为 γ 的贷款投入企业 z，那么信贷资源配置可表示为：

$$K_z = \gamma K \tag{3.5}$$

结合中国绿色信贷发展的实际情况，绿色信贷业务的出发点并不是商业银行的利润最大化，其中包含了政府的干预作用。所以，本书对银行部门的设定是在完全假设条件下的。

（4）环境设定

由于 CO_2 排放不会对环境污染造成影响，其只会带来温室效应下的气候变化，所以，本书对 CO_2 排放进行设定时，只考虑其生产过程中对自然资源的消耗，即：

$$E_c = \frac{E}{h} \tag{3.6}$$

其中，h 表示环保技术参数，在既定的能源消耗下，h 越大，绿色技术水平越高，碳排放量 E_c 越少。

因为最终产品会利用企业 z 和企业 g 的产品进行生产，同时其生产过程也会受到环境的影响，借鉴 Bovenberg 和 Smulders（1995）的研究，最终产品企业的生产函数可以写为：

$$Y(t) = Y_z^{\lambda_1}(t) \times Y_g^{\lambda_2}(t) \tag{3.7}$$

最终的厂商的利润最大化的条件可以表示为：

$$\frac{Y_z^*}{Y_g^*} = \frac{\lambda_1}{\lambda_2} \times \frac{p_l}{p_g} \tag{3.8}$$

z 企业的利润最大化决策可以表示为：

$$\max \pi_z = p_h E^{-\beta_1} A_2 K_z^{\beta_2} - r_z K_z - p_E E \tag{3.9}$$

其中，p_i 表示第 i 种产品投入要素的价格。对两种要素投入量求一阶导数，可得：

$$r_z = A_2 \beta_2 p_z E^{-\beta_1} K_z^{\beta_2-1} \tag{3.10}$$

$$p_{zE} = - A_2\beta_1 p_h E^{-\beta_1} K_z^{-\beta_2-1} \tag{3.11}$$

同理可得出：

$$r_g = A_1\alpha_2 p_g E^{-\alpha_1} K_g^{\alpha_2-1} \tag{3.12}$$

$$p_{gE} = - A_1\alpha_1 p_g E^{-\alpha_1} K_z^{-\alpha_2-1} \tag{3.13}$$

在银行将所有的贷款都投入贷款利率较高的行业中，在均衡条件下存在：

$$r_z = r_g \tag{3.14}$$

将式（3.8）、式（3.10）和式（3.12）代入式（3.14）中可得：

$$\frac{K_z^*}{K_g^*} = \frac{A_2}{A_1} \times \frac{\lambda_1}{\lambda_2} \times \frac{\beta_2}{\alpha_2} \times E^{(\beta_1-\alpha_1)} \tag{3.15}$$

这个结果表明，当市场处于完全竞争状态，银行不存在信贷配给情况时，两类企业的资本使用是由各种要素的比例投入存在相关性，这一结果也反映出信贷资源的配置效果。

在上述模型的基本假设下，社会规划者面临的最优化问题是：

$$\max \int_0^\infty \frac{C^{1-\delta} - 1}{\delta} \kappa^{-\rho t} \mathrm{d}t \tag{3.16}$$

$$\begin{cases} Y = Y_z^{\lambda_1} Y_g^{\lambda_2} = (A_1 E^{-\alpha_1} K_g^{\alpha_2})^{\lambda_2} \times (A_2 E^{-\beta_1} K_z^{\beta_2})^{\lambda_1} = B E^{-(\alpha_1\lambda_2+\beta_1\lambda_1)} K^{(\alpha_2\lambda_2+\beta_2\lambda_1)} \\ e_c = \dfrac{E}{h} \\ \dot{K} = Y - C \\ \dot{E} = \theta E \end{cases}$$
$$\tag{3.17}$$

其中，θ 为能源消耗参数，$B = A_1^{\lambda_1} A_2^{\lambda_2} \gamma^{\lambda_1\beta_2} (1-\gamma)^{\lambda_2\alpha_2}$，令 $\mu_1 = \alpha_1\lambda_2 + \beta_1\lambda_1$，$\mu_2 = \alpha_2\lambda_2 + \beta_2\lambda_1$，则汉密尔顿函数为：

$$H_1 = \frac{C^{1-\delta} - 1}{1-\delta} + \eta_1 (B E^{-(\alpha_1\lambda_2+\beta_1\lambda_1)} K^{(\alpha_2\lambda_2+\beta_2\lambda_1)} - C) + \eta_2(\dot{E} - e_c) \tag{3.18}$$

对要素 C、E、K 进行控制，可得出一阶条件为：

$$\eta_1 = C^{-\delta} \tag{3.19}$$

$$\eta_2\mu_1 \left(\frac{Y}{E}\right) = \lambda_2(h) \tag{3.20}$$

欧拉方程为：

$$\dot{\eta_1} = \rho\eta_1 - \eta_2\mu_2\left(\frac{Y}{K}\right) \tag{3.21}$$

$$\dot{\eta}_2 = \rho\eta_2 - E - \theta\eta_2 \tag{3.22}$$

在稳态中存在 $\lim\limits_{t \to \infty}\eta_1 K e^{-\rho t} = 0$；$\lim\limits_{t \to \infty}\eta_2 K e^{-\rho t} = 0$，分别对欧拉方程和一阶条件式 (3.19)、式 (3.21) 和式 (3.22) 取对数，可得：

$$\varphi_{\eta 1} = -\delta\varphi_c \tag{3.23}$$

$$\varphi_{\eta 1} + \varphi_Y - \varphi_E = \varphi_{\eta 2} \tag{3.24}$$

$$\varphi_{\eta 1} = \rho - \mu_2\left(\frac{Y}{K}\right) \tag{3.25}$$

$$\varphi_{\eta 2} = \rho - \frac{E}{\eta_2} - \theta \tag{3.26}$$

根据生产函数可得：

$$\varphi_Y = \mu_1\varphi_E + \mu_2\varphi_K + \lambda_2\varphi_{A1} + \lambda_1\varphi_{A2} \tag{3.27}$$

如果考虑技术进步因素的情况下，则存在：

$$\varphi_Y = \varphi_C = \varphi_K = \frac{\lambda_2 + \lambda_1}{\mu_1(1-\delta) + (1-\mu_2)}(\varphi_{A1} + \varphi_{A2}) \tag{3.28}$$

$$\varphi_E = (\delta - 1)\varphi_C \tag{3.29}$$

若技术进步是外生的，则 $\varphi_C = \varphi_{A1} = \varphi_{A2} = 0$。

根据约束条件和生产函数可得：

$$\dot{K} = BE^{\mu_1}K^{\mu_2} - C \tag{3.30}$$

根据一阶条件式和欧拉方程 (3.21) 可得消费的动态方程为：

$$\frac{\dot{C}}{C} = -\frac{\rho}{\delta} + \frac{\mu_2}{\delta}BE^{\mu_1 - 1}K^{\mu_2 - 1} \tag{3.31}$$

式 (3.30) 和式 (3.31) 反映了各个要素之间的动态变化，当技术进步设定为外生变量时，消费和资本的变化率为 0，所以，稳态时的资本存量可表示为：

$$K^* = \left(\frac{\mu_2}{\rho}BE^{* -\mu_1}\right)^{\frac{1}{1-\mu_2}} \tag{3.32}$$

根据以上推导可知，在稳态中存在：

$$\varphi_E = \frac{(\delta - 1)}{\delta}\left[\mu_2\left(\frac{Y}{K}\right) - \rho\right] \tag{3.33}$$

结合信贷函数和生产函数，可得：

$$\varphi_E = \frac{(\delta - 1)}{\delta}[\mu_2 A_1^{\lambda_2}E^{\mu 1}K_z^{\mu_2 - 1 - \lambda_2\alpha_2}K_g^{\lambda_2\alpha_2}\gamma - \rho] \tag{3.34}$$

对式（3.34）两边取对数，可得：

$$\ln\varphi_E = (-\lambda_1\beta_1 - \lambda_2\alpha_1)\ln E + (\lambda_1\beta_2 - 1)\ln K_z + (\lambda_2\alpha_2 - 1)\ln K_g - \ln\gamma$$

$$(3.35)$$

其中，φ_E、E、K_z、K_g、γ 分别代表了 CO_2 排放所引发的环境变化、自然资源消耗、棕色企业信贷、绿色企业信贷，以及棕色企业的贷款比例。根据取对数后的弹性系数可以得出，当其他变量不变时，信贷资源向棕色企业倾斜时，就会带来气候变化的负向影响，自然资源的损失也更大，若向绿色企业投入增加时，对气候变化的影响程度也越小。环保技术进步的提升也有利于增加产出，减少 CO_2 排放。由式 $B = A_1^{\lambda_1}A_2^{\lambda_2}\gamma^{\lambda_1\beta_2}(1-\gamma)^{\lambda_2\alpha_2}$ 可知，γ 是 B 的二次函数，当 $\gamma = \dfrac{\lambda_1\beta_2}{\lambda_2\alpha_2 + \lambda_1\beta_2}$ 时，B 的取值最大，信贷资源配置的比例是 $\lambda_1\beta_2 : \lambda_2\alpha_2$，这正是在自然资源和技术进步放松假设条件下，竞争均衡下的信贷配置比例，但是，现实条件并不是完全竞争市场，γ 取决于银行的自身盈利目的和政府干预，当信贷资源将贷款倾斜于棕色企业时，经济环境和环境水平改善速度将小于最优水平，在达到最优水平之前，绿色信贷在绿色企业和棕色企业的配置比例相对倾斜于绿色企业，在减少自然资源能源消耗和 CO_2 排放的同时，也能够通过提升环保技术水平，实现经济增长。根据以上理论推导，可得出本书的研究假说1：

假说1：绿色信贷政策的实施有利于提升企业的碳排放绩效。

由于 CO_2 和其他主要污染物所造成的生态环境问题有本质上的区别，环境污染会引发人类健康问题和生存隐患，消费者效用在环境污染的设定下会产生削减的效应，所以，本书在前文讨论碳排放情形下的模型构建基础上，继续讨论绿色信贷对污染物排放的影响。

同理，在其他等式不变的情况下，进行如下改动：

$$U = \frac{C^{1-\delta} - 1}{1 - \delta} + \frac{H^{1+\omega} - 1}{1 + \omega}, \quad (\delta > 0) \tag{3.36}$$

其中，ω 代表消费者的生态环境偏好，ω 越大，消费者的环保意识就越强。考虑了环境污染对产出的影响，引入了环境污染效应，P 代表污染水平，污染越严重，生产效率越低。最终产品企业的生产函数为：

$$Y(t) = Y_z^{\lambda_1}(t) \times Y_g^{\lambda_2}(t) P^{-\lambda_3} \tag{3.37}$$

此时，需要引入环境 H 的动态方程：

$$\dot{H} = \theta H - \chi P \tag{3.38}$$

所以，平衡增长路径下社会规划者面临的最优化问题就变成了：

$$\max \int_0^\infty \left(\frac{C^{1-\delta} - 1}{1 - \delta} + \frac{H^{1+\omega} - 1}{1 + \omega} \right) \kappa^{-\rho t} \mathrm{d}t \tag{3.39}$$

且约束条件中也加入了式（3.38），变为了：

$$\begin{cases} Y = Y_z^{\lambda_1} Y_g^{\lambda_2} P^{-\lambda_3} = (A_1 E^{-\alpha_1} K_g^{\alpha_2})^{\lambda_2} \times (A_2 E^{-\beta_1} K_z^{\beta_2})^{\lambda_1} P^{-\lambda_3} = B E^{-(\alpha_1 \lambda_2 + \beta_1 \lambda_1) - \lambda_3} K^{(\alpha_2 \lambda_2 + \beta_2 \lambda_1)} \\ P = \dfrac{E}{h} \\ \dot{K} = Y - C \\ \dot{H} = \theta H - \chi P \end{cases} \tag{3.40}$$

其中，$B = A_1^{\lambda_1} A_2^{\lambda_2} \gamma^{\lambda_1 \beta_2} (1 - \gamma)^{\lambda_2 \alpha_2} h^{\lambda_3}$，$\mu_1 = \alpha_1 \lambda_2 + \beta_1 \lambda_1 - \lambda_3$，则汉密尔顿函数为：

$$H_2 = \frac{C^{1-\delta} - 1}{1 - \delta} + \frac{H^{1+\omega} - 1}{1 + \omega} + \eta_1 (B E^{-(\alpha_1 \lambda_2 + \beta_1 \lambda_1)} K^{(\alpha_2 \lambda_2 + \beta_2 \lambda_1)} - C) + \eta_2 (\dot{H} - e_c) \tag{3.41}$$

这个最优控制下的一阶条件也有如下变动：

$$\eta_2 \mu_1 \left(\frac{Y}{E} \right) = \lambda_2 \left(\frac{\chi}{h} \right) \tag{3.42}$$

欧拉方程为：

$$\dot{\eta_2} = \rho \eta_2 - H^\omega - \theta \eta_2 \tag{3.43}$$

其对应的条件方程一阶求导可得：

$$\varphi_{\eta 2} = \rho - \frac{H^\omega}{\eta_2} - \theta \tag{3.44}$$

如果考虑技术进步因素的情况下，则存在：

$$\varphi_Y = \varphi_C = \varphi_K = \frac{1 + \omega \lambda_1}{\mu_1 (1 - \delta) + (1 - \mu_2) \times (1 + \omega)} (\varphi_{A1} + \varphi_{A2}) \tag{3.45}$$

$$\varphi_H = \frac{(\delta - 1)}{(1 + \omega)} \varphi_C \tag{3.46}$$

相关的稳态函数调整为：

$$\varphi_H = \frac{(\delta - 1)}{(1 + \omega)\delta} \left[\mu_2 \left(\frac{Y}{K} \right) - \rho \right] \tag{3.47}$$

结合信贷函数和生产函数，可得：

$$\varphi_H = \frac{(\delta - 1)}{\delta(1 + \omega)}[h^{\lambda_3}\mu_2 A_1^{\lambda_2} E^{\mu_1} K_z^{\mu_2 - 1 - \lambda_2\alpha_2} K_g^{\lambda_2\alpha_2}\gamma - \rho] \qquad (3.48)$$

对式（3.48）两边取对数，可得：

$$\ln\varphi_H = \lambda_3\ln h + (-\lambda_1\beta_1 - \lambda_2\alpha_1)\ln E + (\lambda_1\beta_2 - 1)\ln K_z + (\lambda_2\alpha_2 - 1)\ln K_g - \ln\gamma$$
$$(3.49)$$

其中，φ_H、h、E、K_z、K_g、γ 分别代表了污染物排放带来的环境变化、环保技术、自然资源消耗、棕色企业信贷、绿色企业信贷，以及棕色企业的贷款比例。技术进步将有利于减少污染强度，φ_H 的正向变动表示了污染程度越低，环境质量趋于改善。同样地，当其他变量不变时，信贷资源向棕色企业倾斜时，也会引起污染物排放引起的环境问题恶化，自然资源的损失也越大，若向绿色企业投入增加时，污染物带来的负向影响将会在一定程度上削弱。环保技术进步的提升也有利于增加产出，减少污染排放。由式 $B = A_1^{\lambda_1}$ $A_2^{\lambda_2}\gamma^{\lambda_1\beta_2}(1 - \gamma)^{\lambda_2\alpha_2}h^{\lambda_3}$ 可知，γ 是 B 的二次函数，当 $\gamma = \dfrac{\lambda_1\beta_2}{\lambda_2\alpha_2 + \lambda_1\beta_2}$ 时，B 的取值最大，信贷资源配置的比例是 $\lambda_1\beta_2 : \lambda_2\alpha_2$，该结果与考虑碳排放条件下得出的结果相统一，即在经济增长路径上，不论各要素的参数取值如何变动，在存在信贷歧视的资本配置区间内，随着 γ 的不断递增，经济增长的环境代价随信贷歧视的加剧而加速增长。所以，在达到最优水平之前，绿色信贷在绿色企业和棕色企业的配置比例相对倾斜于绿色企业时，在减少自然资源能源消耗和环境污染的同时，也能通过提升环保技术水平，实现经济可持续增长。若信贷资源配置失衡时，会损坏平衡增长路径，使得经济发展过程出现结构性扭曲，生存环境恶化，损失生态环境福利。根据以上理论推导和分析，可得出本书的研究假说2：

假说2：绿色信贷政策的实施有利于提升企业的污染物排放绩效。

二、绿色信贷政策对减污降碳绩效的作用机理

根据以上理论分析可知，绿色信贷工具的应用可以通过各种渠道影响减污降碳绩效，绿色信贷主要通过以下三个方面对减污降碳绩效产生影响：一是通过信贷资源配置，二是通过绿色技术效应，三是政府计划者的行政干预。本书将在既有文献的基础上，结合前文的理论分析来讨论有哪些机制路径可以作用到绿色信贷的减污降碳政策效应。

（一）金融资源配置

由于绿色信贷本身具备资源配置功能，除了体现在棕色企业和绿色企业间的信贷资源分配之外，还间接影响到异质性企业内部金融资源的配置效应。根据其绿色贷款原则，商业银行会加大重污染行业的相关项目的绩效评估，一方面，将资金不断引入绿色环保节能清洁领域，减少了对棕色企业的信贷供给。另一方面，绿色信贷政策对企业环境信息披露的透明度有一定的要求。在绿色信贷政策处于发展阶段时，银行对企业的授信标准正式纳入了对企业的环境治理表现的评估。因此，当棕色企业披露出不利于其银行信贷融资的环境信息时，在信贷配给效应和融资约束效应影响作用下，其获得银行信贷的难度加大，且在当前的可持续发展环境中，棕色企业的长期债务额度比例会下降，但大部分重污染行业公司的盈利水平仍然占据一定的优势，一些仅以盈利为目的的投资者即便受到外界环境的影响，在短期内仍会向棕色企业投资。为了企业长远经营和发展，棕色企业会通过调整商业信用额度这样的间接金融资源配置方式来作为生产投入活动中的重要资金来源。尽管绿色信贷政策使棕色企业债务资金来源受限，但棕色企业会通过增加商业信用规模来保障企业可持续发展的资金需求，在一定程度上矫正棕色企业内部金融资源的扭曲配置。此外，由于绿色企业当前正处于初级发展阶段，尽管其环境信息披露状况良好，绿色信贷的可得性较强，但是其短期盈利情况不佳，收益回报率较低，不确定性风险较高等现状，导致其无法靠投资回报来吸引大量投资者，使该类企业商业信用融资渠道的资金注入有限，绿色企业的前期发展的资金投入是以银行方面的信贷支持为主（白嵫等，2021）。综上所述，本书提出研究假说3：

假说3a：绿色信贷政策会通过影响棕色企业对金融资源的间接配置效应，来提升企业的减污降碳绩效。

假说3b：绿色信贷政策会通过影响绿色企业对金融资源的直接配置效应，来提升企业的减污降碳绩效。

（二）融资渠道调整

现有研究表明绿色信贷政策只能引导资金向带有绿色标签的企业或项目流入，使得商业银行的信贷供给产生信贷配给效应，增加了棕色企业的融资成本。然而，对于上市公司来说，企业缓解融资约束的方式除了信贷融资之外，还包括了股权融资、债券融资和商业信用融资。债券融资作为我国现阶段上市公司的重要融资渠道之一，当前的债券市场发展较为完善，按照优序融资理论，理性企业最佳的融资顺序是内源融资—债务融资—股权融资。因此，为了更好地缓解绿色信贷政策对企业造成的不利影响，棕色企业会通过债券融资行为来对信贷融资产生替代效应。在股权融资方面，当前不少研究考察了在绿色信贷政策等融资约束因素的影响下，考虑到债务融资按期还本付息的压力会使企业对现金流的自由裁量权降低，而股权融资会为企业提供更多的自由资金，具有较高的灵活性。故在此状态下，企业会通过增加股权融资来缓解信贷融资约束，通过提高现金股利分配的方式留住现有投资者（李君平和徐龙炳，2015；郭俊杰和方颖，2022）。但是这种情况仅考虑了投资者可能会因外界政策压力和企业暂时性业绩下滑产生避险心理，较高的环境不确定性会为资本市场传递不利的信号和增加风险溢价，进而导致棕色企业的股权融资成本增加，棕色企业也可能会通过维持或减少股权融资规模来减少股权融资成本，保持现有股权融资结构来稳定持股者信心（连燕玲等，2019），此外，环境信息披露质量低也会增加企业的股权融资成本（叶陈刚等，2015）。因此，面对绿色信贷政策综合阶段来自央行直接施加的较强信贷约束时，对应企业可能会缩小股权融资规模来减少融资成本。在商业信用融资方面，在主要的外部融资渠道中，商业信用融资受到政策影响较小，且发生在企业与上下游关联合作企业间的短期资金融通，不仅是绿色企业能带动上下游产业联动的资金来源，更是重污染企业当前融资的较优选择。虽然，当前全社会以及各行业都在倡导绿色发展，但大多数重污染行业与国民基本需求息息相关，市场在短期内不会减少该类企业的产品供给，所以上下游企业仍会保持和该类企业的合作关系，给予一定的商业信用支持力度来维持其正常运营（陈幸幸等，2019）。基于现有文献分析可知，绿色信贷政策实施后，面对信贷资源的收紧，棕色企业会通过调整融资渠道来保证其生产和创新活动的资金供应，而绿色企业在绿色信贷政策的影响以及国家层面的隐性担保和优惠下，其外部融资渠道也会不断拓展，获得更多的绿色发展资金支持。两类企业均可以通过调整融资渠道来增加融资可得性，不仅可以有利于绿色企业创收盈利，更好地激励绿色产业的蓬勃发展，同时也可以提高棕色企业的环保意识和长远意识，使其加大对清洁生产的投资力度，加快提升企业的减污降碳绩效。基于以上分析，本书提出研究假说4：

假说4a：在绿色信贷政策的影响下，棕色企业会通过减少股权融资和增加商业信用融资规模来调整融资结构，进而其深化减污降碳治理成效。

假说4b：在绿色信贷政策的影响下，绿色企业会通过增加债券融资和商业信用融资规模来调整融资结构，进而深化其减污降碳治理成效。

（三）环境监管的门槛效应

企业排放二氧化碳和其他主要污染物造成了不可估量的负外部性，而政府通过各种方式来施加环境治理压力，旨在将企业排污排碳的负外部性转化为内部成本，使棕色企业的排污成本遵从边际分配原则，从而使该类企业在不造成规模性经济损失的情况下，引导企业统筹发展和减排的关系。绿色信贷政策作为一项重大金融环境政策创新，不仅具备了现代市场型环境规制工具的特性，而且又优化了金融部门的资源配置功能。但是，由于绿色信贷政策的执行者是银行，履行相关职责的是企业，二者的发展目的是成本效率和经营效益，银行和企业是否按照规定去执行，企业的环境治理效率是否达到预期效果，这些关键信息的获取仍需要企业积极披露环境治理情况，以便相关部门更好地健全绿色金融市场机制。所以，绿色信贷政策的执行效果很大程度上取决于政府和民众对企业环保表现的监管程度。适度的环境监管水平可以督促棕色企业进行环境信息公开，缓解了中央政府、地方政府、企业与公众各主体间的信息不对称问题，对棕色企业的节能减排形成了软约束：一方面，公众监督有助于提高环保部门的环保督察效率；另一方面，区域间的环境信息披露有助于各地区间更好地对污染物和碳排放实行联防联控，实现公平原则下的减排责任共担，促进减污降碳成效在区域间的协同效应（胡宗义和李毅，2020）。但是，当外界的环境监管压力过大，环保绩效目标制定过高时，过度的环保压力会增加企业的环境治理成本，尤其是在一些环境规制强度较高的地区，环境信息公开的成本相对其他地区更大，棕色企业若无法在规定时间内完成环保绩效考核，除了可能会受到一定的环保处罚外，其社会声誉也会受到负面影响，进而会造成企业的不良运转。在此情况下，企业为减少更多的损失，以"拉闸限电"和减少产出的方式来完成减排目标（中国经济增长前沿课题组等，2022）。所以，适度的环境监管有助于商业银行筛选掉"漂绿"企业和项目，也可以对绿色项目的实际情况进行实时监督，使信贷资源发挥实效，进而对企业减污降碳绩效产生积极影响，当环境监管过度导致企业信息披露质量较低时，将不利于发挥绿色信贷政策利好。据此，本书提出研究假说5：

假说5：当地方环境污染源监管水平处于合理区间时，绿色信贷政策的实施可以有效提高企业的减污降碳绩效水平。

（四）企业数字化转型的调节效应

企业的数字化转型主要是指企业现代化数字技术和设备，将产品的生产、营销以及后期反馈都能置于一个数据化系统中，企业对相关数据进行全方位精细化和高效化管理，通过信息赋能以及技术赋能方式，其生产和经营过程中的相关信息也成为一种现代新型投入要素。企业的数字化转型可以重塑企业的组织结构、营销模式和生产模式，在现代数字化变革的引擎作用下，很大程度上转变了传统生产和创新方式，数字化助力企业打破时间和空间的限制，深化了行业内和行业间企业的协同合作，降低了研发成本和协作成本，从价值交易走向价值共创。对于工业企业来说，除了信息传递效应带来的融资便利外，一方面，企业的数字化转型下的信息赋能能够有效监控污染物排放信息，为棕色企业环保举措的调整提供参考。在企业数字化水平不断提升的大环境下，银行等科技金融参与主体也可以利用金融科技对相关企业的项目进行审查，及时监督绿色清洁项目的推进进度以及绿色信贷资金使用状况，提升企业的资金使用效率，避免第三方侵占资金等代理问题出现，在加大绿色信贷投入的同时，更好地提升工业企业的减污降碳绩效。另一方面，企业使用数字技术可以将内部业务流程数据上传到大数据平台，企业研发人员通过数字建模、算法并结合实际场景，对生产过程中的前端治理和末端治理的选择进行动态仿真与模拟，可以降低能源消耗率，有效降低企业的环境治理成本，以数字技术来带动绿色技术创新水平。与此同时，当前学者们也一致肯定了数字化转型对绿色创新的正向积极影响，Mubarak 等（2021）发现包含大数据、物联网、区块链在内的工业 4.0 技术通过加强企业与外部利益相关者的合作，促进了信息共享和知识整合，从而激励绿色创新，提升了企业绿色创新绩效，以科技赋能企业高质量发展。基于以上分析，本书提出研究假说6：

假说6：企业数字化转型水平的提升有利于绿色信贷政策的实施，进而可以有效改善企业的减污降碳绩效。

（五）绿色技术创新溢出效应

企业清洁低碳转型作为当前中国式现代化建设阶段，能够实现人与自然和谐共生的中国式现代化的必经之路，以企业绿色技术创新为代表的新兴技术创新可以有效驱动提升碳排放绩效和污染排放绩效，已经成为协同推进降碳、减污、扩绿、增长的关键基础之策（邵帅等，2022）。虽然，我国的绿色技术创新工作已经取得了阶段性显著成效和长足进步，但是，我国在创新深度、质量和关键核心技术与当前绿色技术前沿仍然存在一定的差距，比如绿色技术市场发展成熟度相对较低、绿色技术创新的"产学研用"周期较长、市场应用转化效率相对较低，绿色技术发展的空间均衡度相对较低，这些问题说明了各层面的绿色技术创新的支撑作用仍然有待提升。绿色信贷政策的政策目标之一就是通过为绿色技术创新项目融资汇资，来强化绿色技术创新对减污降碳绩效的关键支撑作用，但也有学者提出，绿色信贷政策没有显著提升企业的绿色创新质量（王馨和王营，2021）。这是由于绿色技术的引进和创新需要投入大量的资金，会让企业在提升绿色技术创新水平的同时，减少了其他生产性投资，且短期内盈利效果不明显，且投资的风险也是不确定的，在没有外界环境的约束下，企业缺乏自主创新的意图和动力，但是有学者发现，在同伴效应的影响下，企业在进行投资决策时，会参考同行的决策，绿色创新的同伴效应有助于企业提高经济效益。

绿色创新的同群效应主要来源于企业间的竞争激烈和知识溢出。在竞争激烈的行业环境中，企业会密切关注同行业内竞争对手的行为决策并作出相应调整，以保持其在市场中的竞争优势。对于绿色技术创新，企业在决定是否增加绿色技术创新投入时，除了受外界政策环境的影响外，还重点关注市场对绿色产品和绿色技术的诉求，以期更好地提升企业形象和社会声誉，获得更多的融资和投资机会，提高竞争优势。与此同时，当企业负责的绿色项目达到相关标准时，政府会提供更多的优惠政策和资源，银行也会加大对企业的信贷支持，为同行业和行业间的其他企业传递出积极的信号，当行业内的绿色产业出现集聚效应时，企业之间会出现绿色技术创新溢出，例如绿色创新技术转让、绿色知识收费等行为，会在一定程度上减少企业的绿色研发成本，加快企业的绿色转型，实现企业间的互利互惠。与此同时，中国技术交易市场上存在大量以专利交易行为为代表的知识溢出现象，根据国家统计局统计，2018 年全国技术合同成交额高达 17697 亿元，说明中国技术要素市场存在以技术交易实现专利在不同企业之间溢出和再配置的情况。

绿色技术溢出属于企业间的技术资源再配置，根据前文知识溢出理论的相关分析可知，在地区环境治理压力以及产业链的绿色需求，企业通过观察和学习行业内和行业间的环保示范效应较强的企业，获取能节约绿色技术创新成本的相关信息，通过引进同行业企业的绿色技术相关的人员和经验，来优化本企业的战略决策。尤其是在当前生态优先的发展环境中，风险规避型企业受到行业同群企业的影响较大，学习和引进绿色技术创新的积极性较高，有益于绿色技术创新在行业内和行业间发挥知识溢出效应。由于绿色技术涉及领域比较多，在产品研发、绿色工艺、管理标准、前末端减排控排等多领域技能和经验，行业内的排头企业会通过绿色技术交易市场，将知识传递到"短板"和"缺项"企业，使得该类企业节约了时间成本和研发成本，缩小了与同行业企业的绿色技术差距，一些研究也佐证了企业可以与其他企业建立稳定的绿色技术供需关系和合作关系来提升绿色技术创新水平，企业绿色技术创新具有行业知识溢出效应（于飞等，2021）。即同群企业绿色技术创新水平的提升能够促进相关行业企业从事绿色技术创新活动，实现绿色技术创新性补位，形成绿色技术创新动态均衡下的角色分工。基于以上分析，本书提出研究假说7：

假说7：绿色信贷政策可以通过促进行业间和行业内的绿色技术溢出效应来提升绿色技术创新水平，进而有利于深化政策的减污降碳效果。

（六）政策协同效应

伴随着当代国家治理体系的日益复杂化，环境治理工作成为各个社会部门的必要职责，由于环境问题波及范围较广，各主体在环境治理目标达成方面共参共治。各公共部门在国家总战略目标的驱使下，使得环境治理政策体系的构建也逐步形成了多部门合作趋势，通过一致性的政策产出，更好地发挥出异质性政策的组合优势，有效减少各个层面的政策实施成本，不同部门的政策制定都将节能环保纳入政策目标后，政策协同的层次更加清楚，分工更加明确，政策协同表现出了符合国家战略的宏观协同、解决超出单个政策领域问题的中观协同与协调部门内部政策的微观协同（赵晶和迟旭，2022）。以"碳达峰"和"碳中和"目标为例，国家倡导构建完成"1+N"政策协同体系"，指出"双碳"目标下的政策协同是目标也是手段，是以气候目标为核心，围绕环境、能源、产业、交通、经济等领域，政策协同贯穿于政策目标的协调、政策内容的协商、政策的共同执行，"双碳"目标下的政策协同重要路径包括：环境政策协同、能源政策协同、产业政策协同、交通政策协同和经济政策协同。且大气污染与温室气体和其他污染物排放具有同根、同源、同步特性，推动其他重点污染物与碳排放的协同减排是抑制气候变化的必要选择。绿色信贷政策工具不仅是作为绿色金融政策体系中的重要组成部分，也是经济政策协同中的金融工具之一，该政策工具在实施过程中也会受到其他绿色价格型政策工具的影响，比如企业排污权交易政策、企业排污费政策、绿色金融试点政策、碳交易试点政策以及其他针对性较强的环保政策。

地区层面和企业层面的减污降碳作为一种目标导向的协同，其正向促进效果也是多方协同配合的结果，所以，绿色信贷政策的减污降碳效应会在一定程度上受到同性质的绿色金融相关政策的协同影响，单一排污权和排碳权交易和绿色信贷政策的实施均存在利弊，两者的协调实施通常可以达到相对较好的减排效果，在排污权和排碳权交易市场环境中，棕色企业通过社会责任报告对其 CO_2 和其他重点污染物减排的相关信息进行披露，且披露的信息也可以供商业银行参考，可以有效减少信息不对称造成的融资约束问题，为企业成功"贴绿"，增加获得绿色信贷支持的机会（齐绍洲和段博慧，2022）。而对于绿色金融试点政策来说，绿色信贷政策的执行力度更大，金融部门通过设立环境信用评价标准，为更多达标的绿色企业和绿色项目提供信贷支持，对污染企业的贷款门槛相比于其他地区更高，除了绿色信贷政策支持以外，试验区通过一次性奖励和财政补贴等优惠措施形成"洼地效应"，为绿色企业拓宽更多的融资渠道，基于以上分析，本书提出研究假说8：

假说8：绿色信贷政策与其他同类环保政策形成的协同效应，进而有利于提升企业的减污降碳绩效。

（七）央行货币政策工具担保品扩容的助企纾困效应

一直以来，央行对货币政策工具进行了创新性的改善，从2013年起，央行推出了以市场短期流动性调节工具（SLO）、常备借贷便利（SLF）、中期借贷便利（MLF）和定向中期借贷便利（TMLF）为代表的新型货币政策工具，商业银行可以通过对该类货币工具质押的方式来向央行获取不同期限的资金，一方面可以保障央行资产端的安全，另一方面有益于央行在调结构、促发展上发挥作用，其目的是可以满足金融市场资金的流动性需求来稳定市场，进而维护经济增长。当前，我国正举全力来解决经济发展与环境保护以及人民福祉之间的矛盾，也处于转变发展方式、优化经济结构、转换增长动力的攻坚期。党的二十大报告也指出，要推动金融更好地促进绿色发展，要以现代化的货币管理促进经济高质量发展，在微观层面引入激励相容机制，创新结构性货币政策工具，引导金融机构优化信贷结构，大力支持国民经济重点领域和绿色发展领域。

在此背景下，中国人民银行扩大了新型货币政策工具中期借贷便利（MLF）的担保品范围，将绿色信贷和绿色债券纳入了担保品框架，中国人民银行优先接受符合标准的绿色债券以及绿色贷款作为担保品，体现了我国货币政策希望将更多资金引导至绿色领域的政策意图，也相当于以国家信用为绿色信贷企业进行了隐性担保，进一步提高了绿色信贷资产的质权和稀缺性。但从我国当前绿色信贷政策实施的现状来看，虽然我国绿色信贷的规模增速是保持逐年递增的，但绿色信贷的供需缺口仍然很大，这是由于绿色产业属于朝阳产业，而且绿色项目的风险大，成本高，利润空间不大，使得银行提供绿色信贷的动力不足，对于商业银行来说，其绿色信贷业务的顺利开展取决于其放贷行为是否可以为自身带来一定的切身利益，央行是否有相关的激励机制，同时还需要切实有效的扶持政策。

在研究传统货币政策与信贷传导之间关系的文献表明，货币政策的实施会影响到企业的信贷融资行为。银行部门在货币政策的信贷传导过程中的作用是将货币政策的信用渠道分为银行贷款渠道和资产负债表渠道。央行通过制定相关的货币政策，限制银行信贷额度，对企业的信贷融资产生了直接影响，这是其银行贷款渠道。而资产负债表渠道则是考虑了外部融资溢价，即使授权的信贷总量没有发生变化，但是货币政策的紧缩和宽松的调整会影响到外部融资溢价，间接影响了企业的融资需求。但传统的货币政策的作用渠道遭到了金融危机和一系列不确定因素的冲击，市场失灵会导致企业的资产负债表受损，金融市场的高溢价风险也导致了传统货币政策的信贷传导机制无法正常运行，传统货币政策工具也无法实现信贷资源的有效分配，引发了经济危机。这些事实强调了新型结构性货币政策的重要性和必要性，央行制定的担保品扩容政策通过担保品扩容提高了被纳入担保品范围的资产的流动性。通过降低担保品利率中的流动性溢价，进而降低其利息成本，缓解了企业的融资约束，也弥补了传统货币政策的短板。将绿色信贷纳入央行合格担保品范围不仅能够激励商业银行增加对绿色信贷资产的需求，而且商业银行会为绿色企业给予相对较低的贷款成本，以奖励性贷款低利率来降低企业的现金流敏感性，在缓解企业融资难、融资贵问题的同时，也对棕色企业提高减污降碳意识和长远发展意识起到了很好的引导作用。基于以上分析，本书提出研究假说9：

假说9：新型货币政策将绿色信贷担保品纳入货币担保品范围，有利于疏解绿色企业融资约束困境，进而对企业的减污降碳效益产生积极影响。

第三节　理论框架

本节根据上述基础理论和研究假说的内容分析，绘制了本书的整体理论框架（见图3.2）。

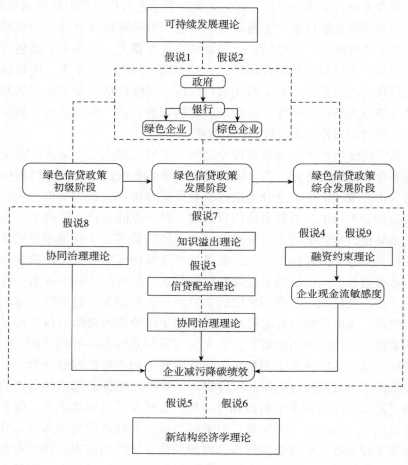

图 3.2　理论框架

第四节　减污降碳绩效的测度

本节主要介绍减污降碳绩效指标测算的相关模型和方法以及投入产出数据。当前各种 DEA 测算方法已经成为近年来相关研究中广泛使用的环境绩效测算方法之一。但大多数 DEA 模型都存在着不同角度的生产前沿设定偏误和线性规划无解等问题，使得最终测算的生态环境绩效结果存在一定的估计偏误，不能准确刻画出能源和环境双重约束下经济转型程度。本书借鉴了邵帅等人（2022）的测算方法，该模型针对现有文献在碳排放绩效测算上存在的有偏测度问题，将总体技术前沿的概念与非角度、非径向方向性距离函数相结合，构建了包含环境非期望产出的总体环境技术 DEA 模型，该模型结合了 Zhou 等（2012）学者提出的非角度、非径向方向性距离函数（NN-DDF）对环境效率进行测度，进而得到了基于 Luenberger 生产率指标形式的碳排放绩效测算指标，弥补了解决角度、径向 DEA 模型的缺陷。

一、模型与方法

（一）DEA 模型测算生态环境绩效的演进

在经济高质量发展阶段，各发展主体的主要目标不是一味地追求经济增长速度，而是高效率、供需有效、结构合理、可持续的经济增长质量，在经济高质量发展的"三大变革"中，质量变革是主体，效率变革是主线，动力变革是基础，落脚点主要是提升全要素生产绩效，全要素生产率也成了代表经济高质量发展的核心指标之一。现阶段各层面的主流全要素效率衡量指标主要包括以下两种：全要素生产率（TFP）和绿色全要素生产率（GTFP）。著名经济学家 Solow 提出衡量经济绩效考核指标应考虑要素约束，世界银行等国际组织也将 TFP 纳入了各经济质量评估体系中。伴随着后来社会各界对生态环境问题的重点关注，意识到传统意义上的全要素生产率测算过程中没有考虑到环境问题的负外部性，这样得出的测算结果反映出的经济发展状况是片面的，不足以为经济政策制定提供借鉴和参考。因此，学者们在后续研究全要素生产率的基础上将环境产出和资源要素纳入了 DEA 模型中，以 Chung 等（1997）为代表的学者基于 Shephard 距离函数，在 DEA 模型中引入以污染物排放量作为"坏"产出，也就是非期望产出，提出 Malmquis-Luenberger（ML）生产指数估算全要素生产率，随后，学者们在此基础上，将能源投入作为一种投入要素，将能耗和污染排放作为非期望产出同时纳入 DEA 模型中，全要素生产率就演化成了绿色全要素生产率。但 ML 指数的测度存在跨期混合 DDF 可能无解、指数不具有循环性特征，以及角度和径向效率测度有偏三个方面的问题。为解决第一个问题，后来的学者提出了基于两期技术前沿的 BML 指数，Oh（2010）提出的考虑非期望产出的全域技术前沿的 GML 指数测算很好地解决了非循环性，但仍未解决角度、径向 DEA 模型的测度问题。对于 ML 指数测度方法的第三个不足之处，学者们对传统的 DDF 模型进行了改进。其中，Zhou 等（2012）学者正式提出了包含环境非期望产出的非角度、非径向 DDF 的定义，并对其数学性质进行了严密的论证，很大程度上解决了角度和径向效率测度偏差。其他学者也尝试用多种方法来解决 ML

指数的测度缺陷，Zhang 和 Choi 等（2013）学者的研究则将包含非期望产出的全域技术前沿与非角度、非径向的 DDF 相结合，解决了 DDF 无解的问题和径向、角度 DDF 造成的测算偏误问题，以及绿色 TFP 增长的非循环性问题。BML 指数测算法和 GML 指数测算法能弥补 ML 指数法的原因在于：二者用所有决策单元多期投入产出信息来构建了技术前沿，这样设定的弊端忽略了每一期的技术前沿与最终技术前沿之间的因果关系，导致了跨期投入产出的任意观察值也包括到生产可行集中（PPS），因为经济环境的复杂性和不确定性，不同时期的经济发展水平、技术进步差距、政府宏观干预和政策冲击以及自然环境等不可抗力的冲击等条件成因复杂且个体间差异较大，一些跨期观察值的组合集可能会包括负面信息，若将随意的跨期投入产出观察值纳入PPS 框架中，相关测算结果会出现较大的估计偏误。根据这一问题产生的原因，Afsharian 和 Ahn（2015）提出了总体技术的概念，对技术前沿的设定更加细致精确，但是，该模型并未将非期望产出纳入其中，从而无法直接用于环境绩效的测算。本书涉及的 NN-DDF 模型在其基础上进行了拓展，将非期望产出引入其效率测算模型，并结合 Zhou 等（2012）提出的非角度、非径向DDF 模型，构建出基于总体技术的环境 TFP 增长指数 DEA 测算模型，借此对中国上市公司的 CO_2 排放绩效和主要污染物的排放绩效进行相对准确的测度。

（二）总体技术环境绩效增长的 DEA 测算模型

假设每一个决策单元（DMU）投入了 N 种生产要素 $x = (x_1, x_2, \cdots, x_N)$ $\in {}^+N$，产出为 M 种期望产出 $y = (y_1, y_2, \ldots, y_M) \in {}^+M$，以及 I 种非期望产出 $b = (b_1, b_2, \ldots, b_I) \in {}^+I$，这样，在每个时期 t，每个决策单元的投入产出向量表示为 (y_k^t, b_k^t, x_k^t)。则包含了非期望产出且包含环境技术的生产可行集（PSS）在 DEA 模型中可表示为：

$$P^t(x^t) = \left\{ \begin{aligned} & (y, b): \sum_{k=1}^{K} Z_k^t y_{km}^t \geqslant y_{km}^t, \ \forall m; \ \sum_{k=1}^{K} Z_k^t b_{ki}^t = b_{ki}^t, \ \forall i; \\ & \sum_{k=1}^{K} Z_k^t x_{kn}^t \geqslant x_{kn}^t, \ \forall n; \ Z_k^t \geqslant 0, \ \forall k \end{aligned} \right\}$$

$$(3.50)$$

其中，Z_k^t 是构建技术前沿横截面观测值的权重，该模型的可行性决策单元集的基本设定满足了 DEA 模型成立的基本条件，同时，定义了如下考虑非期望产出的非角度、非径向 DDF 函数：

$$\vec{D}(x,\ y,\ b;\ g) = \sup\{w^T\beta: (y,\ b,\ x) + g \times diag(\beta) \in P(x)\}$$

$$(3.51)$$

其中，$w = (w_m^y,\ w_i^b,\ w_n^x)^T$ 为期望产出、非期望产出，以及生产要素的权重向量，g 为方向向量，且设定为 $g = (g_y,\ -g_b,\ -g_x)$，该设定说明了环境绩效的改进表现为期望方向的产出扩张，和非期望产出和对应投入要素的减少；$\beta = (\beta_{my},\ \beta_{ib},\ \beta_{nx})^T \geqslant 0$ 是比例因子，表示期望产出扩张、非期望产出和投入减少量之间可能存在的比例。式（3.50）所设定的 DDF 函数主要测度了在特定权重下，各投入产出要素相对于生产前沿的非效率水平和每个决策单元的总体非效率水平。DDF 测度的值越大，其投入产出的效率越低；反之则相反。若 DDF 测度的值为 0，则说明其正处于生产前沿之上。基于当期技术前沿的 t 期 DDF，通过 $\vec{D}(x^t,\ y^t,\ b^t;\ g^t)$ 对线性规划求解得到：

$$\begin{cases} \vec{D}(x^t,\ y^t,\ b^t;\ g^t) \\ s.t. \sum_{k=1}^{K} z_k^t y_m^t \leqslant y_m^t + \beta_{my}^t g_{my}^t,\ \forall m,\ \sum_{k=1}^{K} z_k^t b_{ki}^t = b_i^t - \beta_{ib}^t g_{ib}^t,\ \forall i \\ \sum_{k=1}^{K} z_k^t x_{kn}^t \geqslant x_n^t - \beta_{nx}^t g_{nx}^t,\ \forall n \end{cases} \quad (3.52)$$

由于式（3.51）采用与投入产出观察值同期的技术前沿测度效率水平，求解当期 DDF 测度值时不会出现无解。当求解跨期混合 DDF 测度值时，技术进步的变动会导致其与观测值无法同时处于一个时期内，也导致了 DDF 出现线性无解的情况。为此，大多情况学者们对于给定多期技术前沿的集合，将所有包含技术前沿的凸集的交集凸包来作为效率测算的技术前沿。具体以两期情况为例（见图 3.3），U 为效率待估的观察值，$OABCD$、$OA'B'C'D'$ 所围成的区域分别代表 t 期和 $t+1$ 期的 PPS（分别记为 P_t 和 P_{t+1}），借鉴 GBL 指数测算的基本处理方法，$OA'AB'E'D$ 所构造的区域为效率测算时所采用的 PPS。当使用径向 DDF 测算 U 的效率水平时，其到技术前沿的投影为点 U'；而使用非径向 DDF 时，U 到技术前沿的投影点为折线段 FAF' 中的任意一点。GBL 指数测算了两个时期技术前沿的凸包，在全域 PPS 中包括了生产不可行部分，也就是图 3.3 中的 $A'GA$ 部分和 $AG'B'$ 部分，这两部分的集合不包含任何时期的 PPS，该测算方式下的估计结果仍然存在明显的偏差。

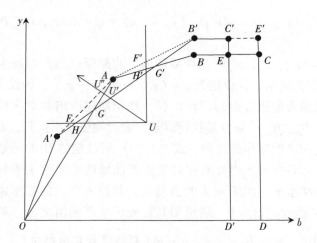

图 3.3 两期 PPS 和总体 PPS 变化

本章用到的模型在一定程度上避免了跨期混合 DDF 无解和测度偏差的问题。在总体技术概念的框架下对技术前沿的设定进行了修正，定义能源与环境约束下的总体 PPS 为：

$$P^0(x^t) = \bigcup_{t=1}^{T} P^t = \begin{cases} (y, b): (z_k^T y_{km}^1 \geqslant y_{km}^t, \sum_{k=1}^{K} z_k^1 b_{ki}^1 = b_{ki}^t, \sum_{k=1}^{K} z_k^1 x_{kn}^1 \leqslant x_{kn}^t) \\ (\sum_{k=1}^{K} z_k^T y_{km}^T \geqslant y_{km}^t, \sum_{k=1}^{K} z_k^T b_{ki}^T = b_{ki}^t, \sum_{k=1}^{K} z_k^T x_{kn}^T \leqslant x_{ki}^t) \\ z_k^t \geqslant 0, \ \forall m, \ \forall n, \ \forall i, \ \forall k \end{cases}$$

(3.53)

在能源与环境约束下，基于总体技术的非角度、非径向 DDF 距离函数可表示为：

$$\overrightarrow{D^0}(x, y, b; g) = \sup\{w^T \beta: (x, y, b) + g \times diag(\beta) \in P^0(x)\}$$

(3.54)

根据当期技术前沿的 t 期 DDF 距离函数，通过 $\overrightarrow{D^0}(x^t, y^t, b^t; g^t)$ 对线性规划模型求解可得到：

$$\overrightarrow{D^{\mathit{0}}}(x^t,\ y^t,\ b^t;\ g^t)\ =\ \max \left\{ \begin{cases} \max w_m^y \beta_{my}^{O,\ t} + w_i^b \beta_{ib}^{O,\ t} + w_n^x \beta_{nx}^{O,\ t} \\[2mm] s.\,t.\ \sum_{k=1}^K z_k^t y_{km}^t \leqslant y_m^t + g_{my}^t \beta_m^{O,\ t},\ \forall\, m; \\[2mm] \sum_{k=1}^K z_k^t b_{ki}^t = b_i^t - \beta_{ib}^{O,\ t} g_{ib}^t,\ \forall\, i; \\[2mm] \sum_{k=1}^K z_k^t b_{kn}^t \geqslant x_n^t - g_{nx}^t \beta_{nx}^{O,\ t},\ \forall\, n;\ z_k^t \geqslant 0 \end{cases} \right\},\ t = 1,\ \cdots,\ T \right\}$$

$$(3.55)$$

　　同样以两期为例，总体 PPS 为图 3.3 中的 $OA'GAG'B'C'ECD$ 区域。当使用非径向 DDF 测算效率时，观察值在技术前沿的投影为折线段 $HGAH'$ 中的任意一点。基于总体、当期和全域技术前沿进行效率测度时，对于每一时期的任意决策单元，有 $\overrightarrow{D^t} \leqslant \overrightarrow{D^{\mathit{0}}} \leqslant \overrightarrow{D^G}$。表 3.1 进一步归纳比较了上述三类技术前沿的特点，说明了总体技术前沿测算是相对精确的，可以较为全面地将多期投入产出情况纳入模型中，还统一了各期效率测度的基准技术的测算口径，增强了测算结果的可靠性和可比性，与 GBL 技术前沿相比，总体技术前沿的设定将生产不可行部分在 PPS 中剔除，进而得到了更为精确的环境绩效测算结果。

表 3.1　当期、全域和总体技术前沿的比较

环境技术前沿类型	是否包含多期投入产出信息	各期效率测度的基准技术是否统一	是否包含生产不可行部分
当期技术前沿	否	否	否
全域技术前沿	是	是	是
总体技术前沿	是	是	否

　　在此基础上，本书沿用总体技术前沿思想来测算上市公司的减污降碳绩效，在投入和产出方面，选择企业产值（Y）和 CO_2 排放、主要污染物排放量（C）分别作为期望产出和非期望产出，以资本存量（K）、劳动力（L）和能源消耗量（E）作为投入要素。参考 Zhou 等（2012）和 Zhang 等（2013），设定方向向量 $g = (Y,\ -C,\ -K,\ -L,\ -E)$，并对期望产出、非期望产出和投入要素分别赋予 1/3 的权重，进而按照期望产出、非期望产出和投入要素各自的种类数量分配权重，即设定权重向量为（1/3，1/3，1/9，1/9，1/9）。根据 Luenberger 生产率指标形式，定义 $t+1$ 期的 CO_2 排放绩效和主要污染物排放绩效，当测算的生态环境绩效值大于零时，则说明减污降碳

绩效水平有一定的提升。

二、投入和产出数据

本书选取了以中国 A 股上市公司为代表的微观样本作为研究对象，同时相关指标的测算也包含了 282 个地级市的数据，根据《地方绿色金融发展指数与评估报告（2022）》划分的我国绿色信贷政策体系构建的三个阶段：2007—2011 年（绿色信贷政策实施的起步阶段）、2012—2016 年（绿色信贷政策初步发展阶段）、2017 年至今（绿色信贷政策综合发展阶段）分别设置了绿色信贷政策实施所在不同时间窗口。同时，样本数据为 282 个地级市的 A 股上市公司的非平衡面板数据。投入和产出数据设定如下：期望产出为企业主营业务收入，非期望产出为企业二氧化碳排放量和主要污染物排放量，投入要素为企业固定资产净值（K）、企业职工人数（L）、企业能源消耗量（E）。以上数据来源为中经网数据库、国泰安数据库、Wind 数据库、中国工业行业数据库，以及各城市的《城市统计年鉴》、各地级市统计局官网、各地级市国民经济和社会发展统计公报、《中国能源统计年鉴》，各投入、产出变量的具体测算详见第四章的指标选取部分。

第五节　本章小结

本章主要介绍了本书的理论框架，并提出了绿色信贷政策影响企业减污降碳绩效的研究假说，最后对减污降碳绩效指标的测度模型和方法进行了分析和论述。具体包括以下内容：一是围绕各阶段绿色信贷政策的目标导向和与企业减污降碳绩效之间的关系，对可持续发展理论、信贷配给理论、融资约束理论、知识溢出理论、协同治理理论等相关理论进行了回顾和归纳；二是构建了基于一般均衡理论和经济增长理论的多部门理论模型，通过对模型的推导，提出了本书的研究假说 1 和假说 2；三是结合新结构经济学理论的基本思想，基于前文的相关理论和文献分析，探讨了绿色信贷政策对企业减污降碳绩效发生作用过程中可能存在的传导机制和影响渠道，对应其余的 7 个假说。具体包括：绿色信贷政策的实施会受到微观层面的金融资源配置效应、融资渠道调整、绿色技术创新溢出效应、企业数字化转型的调节效应，以及宏观层面的环境监管门槛效应、政策协同效应、创新型货币政策调整等机理机制的影响在有效提升异质性企业的减污降碳绩效过程中。

第四章　绿色信贷政策初始阶段对企业减污降碳绩效的影响研究

　　减污降碳既是当前国家和社会各界为实现"双碳·双控"的目标导向，又是手段，而绿色信贷政策体系作为一种基于企业环境治理表现进行金融资源配置的政策工具，其政策实施效果是否符合预期，很大程度上体现在政策的演进和优化对企业减污降碳绩效的提升效果。那么，在什么样的背景下国家要构建中国特色的绿色信贷政策体系？并且在绿色信贷体系构建初期，初始绿色信贷政策实施是否对棕色企业和绿色企业的减污降碳绩效发挥出预期的政策效应？其政策效果是否会受到同时期其他政策的影响？会对企业的异质性节能减排方式产生何种影响？本章将重点回答上述问题，通过构建计量模型和运用实证方法分别对对应的研究假说进行论证。

　　本章内容主要包括：首先，构建连续型双重差分模型来讨论初始绿色信贷政策实施对棕色企业和绿色企业减污降碳绩效的影响效果，进而论证假说 1 和假说 2；然后，通过剔除 2007 年同期环保信息公开执法政策政策干扰和控制行业趋势和宏观因素来进行稳健性检验，并且采用三重差分模型探讨了同期中国排污费征收政策和 SO_2 排污权交易试点政策与绿色信贷政策共同对企业减污降碳绩效的协同影响效果，识别了宏观层面的政策协同路径，来验证假说 8；最后将企业的异质性污染治理方式分为前端治理和末端治理，围绕绿色信贷政策如何对企业的 CO_2、主要污染物的减排方式选择产生的差异性效果展开讨论。

第一节　政策背景与模型设计

一、政策背景和特征事实分析

　　2007 年是我国提出发展保护产业的元年，并在党的十七大报告中首次提到了"生态文明"这一新概念，将节能减排从行为实践推向了文明建设的高度，节能减排和环境治理相关指标也被纳入了中央考核地方官员政绩的指标体系中，全国范围内正式拉开了节能减排"全民运动"的序幕。但是，我国的环境治理形势依然严峻，虽然工业粉尘、SO_2 等污染排放得到了初步控制，但是由前期污染排放积累造成的经济损失和国民健康隐患日益复杂，以水污染带来的"水危机"为例，除了典型代表事件的"太湖蓝藻污染"、最严重的水污染问题发生在长江流域，其周边产生的污染占中国污染的60%，每年排入长江中的污水排放量及工业废物达250亿吨，占全国污水排量的42%。在此严峻生态问题引发的种种负外部性，国家环保总局采取了史上最为严苛的环境治理措施，对12个县市、5个工业园区、4个大型企业集团进行限批，对38家企业进行挂牌督办，各地区生态管理部门也在陆续加大环境规制力度，开展了多轮环境执法专项活动，尽管如此，重污染企业的高能耗、高污染、高排放引发的环境问题仍然屡见不鲜，建设项目环保违规屡禁不止，政府意识到了仅靠环保部门和单凭强制型环境规制工具已经无法控制当时的环境恶化速度。为了遏制企业陷入"先污染，后治理"的不可持续现状，也为了明确各部门在环境治理过程中的角色分工，国家首度提出了以"经济杠杆"治理环境污染思想，同时也出台了各项配套方案，中国绿色信贷政策工具就在国家构建绿色金融政策体系的萌芽期应运而生。

为了抵制高耗能产业链的盲目扩张和各地方政府间的"逐底竞争"，2007年，国家环境保护总局、中国人民银行和中国银行业监督管理委员会联合颁布《关于落实环保政策法规防范信贷风险的意见》（以下简称《意见》或环保信贷政策）。从政策深度来看，该文件是国家提出绿色信贷作为保护环境与节能减排的重要金融工具和市场手段，将政府环境监管与商业银行规范信贷管理紧密结合，把企业履行环保义务作为信贷管理的重要内容，企业环保守法情况作为对企业贷款的前提条件，对企业新建项目和已建成项目的环保和信贷提出了原则意见，为重污染行业企业贷款设置了授信"绿色壁垒"。从政策广度来看，《意见》公布后，江苏省、浙江省、河南省、黑龙江省、陕西省、山西省、青海省、深圳市、宁波市、沈阳市、西安市等20多个省（市）的环保局与所在城市的金融体系监管组织协同相继颁布了相关绿色信贷的实施意见和实施方案，政策实施范围涉及多个主要污染物重点区域和重点行业。该政策工具的创新之处在于，银监会的加入对银行的授信过程起到了强有力的督促作用，为银行实施差别化信贷工作提供了组织条件。同时，银监会与国家环保总局构建了相关的信息共享机制，不仅为商业银行的授信工作提供了更多便利，也为环保部门反馈商业银行的信贷信息及环保部门参与经济调控提供了条件。

图 4.1 至图 4.4 展示了在 2007—2011 年上市公司绿色行业和棕色行业减污降碳绩效和银行贷款占比均值之间的走势对比，其中银行贷款占比指的是银行对"两高一剩"行业和环保上市公司行业贷款占全行业贷款总额的比例。从横向对比来看，棕色企业行业和绿色企业行业的二氧化碳绩效变化趋势较为相似，但二者的碳排放绩效的数值大多为负，同时银行对棕色企业行业的贷款比例要远远高于绿色企业行业的贷款比例，虽然 2007 年环保信贷政策实施后，棕色企业行业的银行贷款占比趋势相对减缓，绿色企业行业的银行贷款占比在近五年内达到最高，但从 2009 年开始，棕色企业行业的银行贷款比例回升，并且和排放绩效之间呈负相关关系，绿色企业行业的贷款比例下降到更低水平，而在 2010 年后，棕色企业行业贷款又呈现出下降趋势，绿色企业行业贷款占比有所上升，且两者的碳排放绩效都呈现出上升趋势；棕色行业和绿色行业的工业废水、工业废气（主要是指工业烟粉尘）、工业 SO_2 的排放绩效与银行贷款之间的变化情况与碳排放较为相似，它们的排放绩效均呈现出相同的上升趋势，说明了重点污染物之间减污绩效的协同性，同时也说明了棕色行业较高的银行贷款占比不利于污染物排放绩效的提升，且棕色行业较低的银行贷款占比对污染物排放绩效的提升作用较为局限。从纵向对比来看，CO_2 减排绩效相比于主要污染物的减排绩效效率较差，且工业烟粉尘排放绩效和工业 SO_2 排放绩效均为正数，棕色行业在银行贷款减少的情况下，也有提升减污降碳绩效的动机。

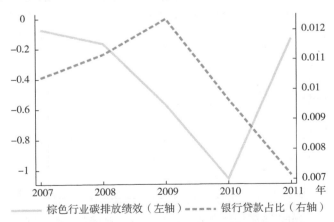

图 4.1 异质性行业的贷款情况与碳排放绩效的走势对比

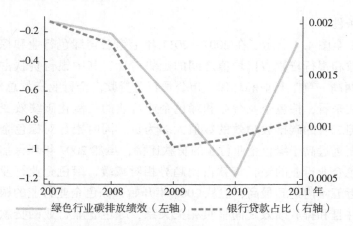

图 4.1 异质性行业的贷款情况与碳排放绩效的走势对比 （续）

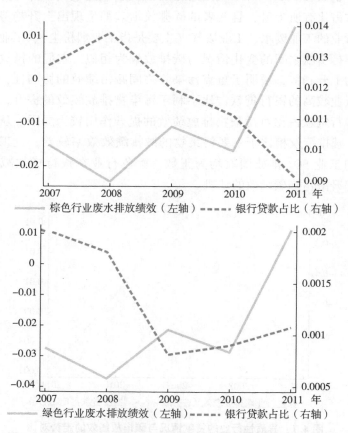

图 4.2 异质性行业的贷款情况与工业废水排放绩效的走势对比

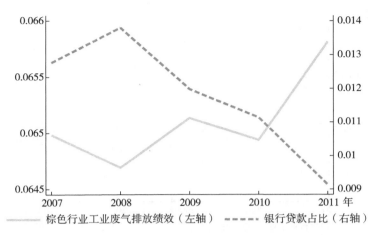

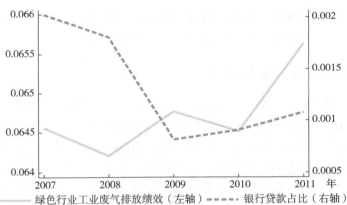

图 4.3　异质性行业的贷款情况与工业废气排放绩效的走势对比

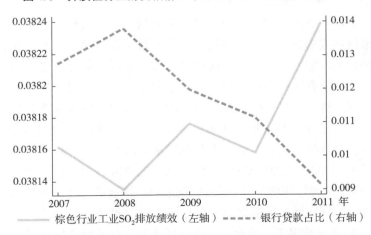

图 4.4　异质性行业的贷款情况与工业 SO$_2$ 排放绩效的走势对比

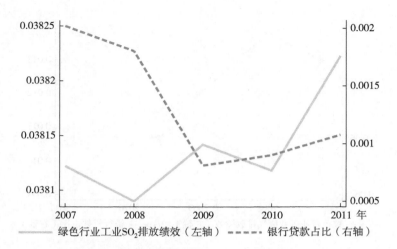

图 4.4 异质性行业的贷款情况与工业 SO_2 排放绩效的走势对比 （续）
（资料来源：国泰安数据库和作者测算的减污降碳绩效指标）

二、研究设计与变量选取

前文的政策背景和特征事实分析说明了 2007 年实施的环保信贷政策实施后，银行做出的积极响应，表现出对棕色行业的银行贷款起到了一定的收紧作用，但是，政策实施现状仍然差强人意，具体表现在对绿色企业的信贷支持力度仍然较小，且在政策实施过程中还有给棕色行业提高获取贷款可得性的情况。所以，2007 年的环保信贷政策的实施是否会对企业的减污降碳绩效产生积极作用？可能存在的作用机制有哪些？以下内容将重点对这几方面展开实证研究。

本章以 2003—2011 年上市公司和 282 个地级市为研究样本，组成了宏观数据和微观数据构成的非平衡面板数据，借鉴了魏丽莉和侯宇琦等（2022）对地区和上市公司的匹配方式。微观层面的财务数据来源主要是国泰安数据库、万得数据库、中国研究数据服务平台、EPS 数据库以及各公司年报和财务报表手工收集和整理获得，同时对样本期内 ST、PT、＊ST 上市公司数据进行了筛选和剔除；剔除了金融保险和房地产企业；剔除了资产负债率大于 1 的公司数据；剔除了关键变量数据缺失的企业；为避免异常值的影响，并对所有非虚拟变量数据进行了 1% 的缩尾处理。中观层面的行业基础数据来自中国工业行业统计数据库、《中国环境统计年鉴》，能源消费量来自中国能源行业研究数据库以及各地区统计局。宏观层面的数据来源于各地级市的《城市统计年鉴》、CEIC 数据库、CEADS 碳排放数据库、各地级市统计局官网、各地级市国民经济和社会发展统计公报、《中国能源统计年鉴》和各地区统计局。

（1）构建模型

在 2007 年的《关于落实环保政策法规防范信贷风险的意见》中，国家首次提出将绿色信贷金融工具作为保护环境与节能减排的重要市场手段，因此本章以 2007 年环保信贷政策的实施作为代表中国绿色信贷政策体系初级构建阶段的标志性政策，以环保信贷政策作为地方和企业环境治理压力的政策冲击，为了克服内生性影响，利用连续型 DID 模型来研究初始绿色信贷政策的实施对企业减污降碳绩效的政策效果。之所以采用连续型 DID 模型，除了区别于前人使用传统的 DID 方法较多之外，另外一个原因是当同一时点各个地区会受到共同的政策冲击，无法很好地估计出不同地区、不同行业受到政策影响的差异程度，且连续型 DID 模型的使用场景是当所有研究样本处于同样的政策冲击环境时，不能轻易识别和区分出"处理组"和"对照组"。连续型 DID 模型与传统 DID 模型的区别在于，连续型 DID 模型将与解释变量直接相关的指标作为实验组受政策的影响程度的代理变量，能够较好地识别出政策效应。引入绿色信贷影响程度代理指标和相关虚拟变量的交互项，以处理强度的方式来观测环保信贷政策对异质性企业减污降碳绩效的实施效果。本章的基准回归模型设定如下：

$$PCR_{it} = \alpha_0 + \beta_1 Gci_{it} + \beta_2 Test_{it} + \beta_3 X_{ict} + \mu_i + \lambda_t + \varepsilon_{ict} \qquad (4.1)$$

其中，i 表示企业，c 表示企业所在城市，t 表示年份。被解释变量 PCR_{it} 表示企业的减污降碳绩效，核心解释变量 Gci_{it} 表示绿色信贷的代理指标与政策实施时间与各实验组虚拟变量的乘积，度量实验组受到绿色信贷政策影响的程度。$Test_{it}$ 是区分是否会受到环保信贷政策影响的棕色企业（2007-brown）或绿色企业（2007-green），X_{ict} 代表城市和企业层面的一系列控制变量的集合，同时，为了避免由研究样本的自相关问题与异方差引起的测算误差，模型中加入企业固定效应（μ_i）和时间固定效应（λ_t），ε_{ict} 表示模型的干扰项。

（2）变量选取

被解释变量。包括了企业 CO_2 排放绩效、主要污染物排放绩效，具体包括：工业废水排放绩效，工业烟粉尘排放绩效、工业 SO_2 排放绩效。采用 NN-DDF 进行测算相关环境绩效，由于大多数企业并没有披露能源消耗量信息和 CO_2 以及主要污染物排放信息，故本书参考借鉴了前人的研究方法对代理指标进行了测算，投入和产出指标如表 4.1 所示。其中，企业能源要素投入是以购买商品、接受劳务支付的现金衡量企业生产过程中购买原料、能源的中间投入（孙亚男和费锦华，2021），期望产出以主营业务收入作为代理指标（欧阳志刚和陈普，2020），为了剔除价格因素的影响，本书计算主营业务收入时用企业所在城市的生产者出厂价格指数进行平减，平减指数来源于《中国价格统计年鉴》，非期望产出包括企业 CO_2 排放量、工业废水排放量、工业烟粉尘排放量、工业 SO_2 排放量，借鉴了马延柏（2021）的测算方式，将企业的工业产值替代成公司营业收入，同时借鉴了崔兴华和林明裕（2019）和李斌等（2013），计算方法如下：

$$W_j = (P_{ij}/\sum P_{ij})/(G_i/\sum G_i) = (P_{ij}/G_i)/[(\sum P_{ij})/(\sum G_i)] \quad (4.2)$$

其中，P_{ij} 表示各地级市的 CO_2 排放量和主要污染物的排放量（$j = 1$，2，3，4），$\sum P_{ij}$ 指的是对应工业排放产物的所有地级市总排放量，泛指全国排放总量，G_i 指的是地级市 i 的工业总产值，$\sum G_i$ 指的是全国工业总产值，为剔除价格变动因素，均使用以 2000 年为基期的 CPI 指数进行平减处理。这样得到的加权调整后的地级市 i 对应的排放产物 j 的排放量为：

$$m_{ij} = W_j \times Y_{ij} \quad (4.3)$$

其中，Y_{ij} 为地级市的工业排放的基期排放量，所以，地级市 i 的 k 企业的对应排放物 j 的排放量为：

$$m_{kj} = m_{ij} \times (I_k/\sum I) \quad (4.4)$$

其中，I_k 为企业 k 的工业产值，$\sum I$ 为企业 k 所在地级市的工业总产值，根据《排污费征收标准管理办法》确定的污染当量系数，将企业工业废水、企业工业粉尘和 SO_2 三项主要污染物的产生量折算污染当量数，其中，为考虑测算的精确度，本书计算污染和碳排放绩效时，也手动区分出主要污染物污染排放行业和碳排放行业相对应企业的排放绩效，在一定程度上避免了企业污染物排放识别差异下带来的测量误差。

表 4.1 企业减污降碳绩效指标测算

变量	投入指标	期望产出	非期望产出
减污降碳绩效	企业固定资产净值	企业主营业务收入	CO_2 排放量
	企业职工人数		工业废水排放量
			工业烟粉尘排放量
	企业购买商品、接受劳务支付的现金		工业 SO_2 排放量

解释变量。具体形式为 $Gci_{it} = Test_{it} \times \Delta \mathrm{credit}_{i\,03-11}$，按异质性企业分类分

为棕色企业和绿色企业。其中 $Test_{it}$ 是指传统的双重差分项，若企业 i 为绿色信贷政策下的棕色企业（2007-brown）或绿色企业（2007-green），且样本年份在 2007 年及以后取 1。其中，棕色企业一般是指高污染、高能耗、高碳排放行业企业。绿色企业是指以可持续发展为己任，将环境利益和对环境的管理纳入企业经营管理全过程，并取得成效的企业。本书根据研究内容，对棕色企业和绿色企业的分组方式如下：对于 CO_2 排放绩效来说，对应的采矿业、制造业、电力、热力、燃气、水生产和供应业、建筑业、交通运输业、仓储业、邮政业等高碳排放行业企业为棕色实验组企业（闫海洲和陈百助，2017），其他行业企业为对照组；对于工业废水排放绩效来说，对应的化工、食品、医药、卫生、纺织、印染、造纸等不符合《水污染物排放标准》的行业企业为棕色实验组企业，其他行业企业为对照组；对于工业粉尘排放绩效来说，对应的石油化工、炼焦、钢铁、水泥、非金属矿物制品业、冶金、焦化行业、黑色金属冶炼及压延加工业等不符合《工业污染物排放标准》的行业企业为棕色实验组，其他行业企业为对照组；对于工业 SO_2 排放绩效来说，对应的电力、热力的生产和供应业、非金属矿物制品业、石油加工、炼焦及核燃料加工业、造纸及纸制品业、化学原料及化学制品制造业、黑色金属冶炼业、有色金属冶炼业等不符合《工业污染物排放标准》的行业企业为棕色实验组，其他行业企业为对照组。绿色企业实验组选取了历年《环保产业景气报告》中披露的 A 股环保上市企业名单，包括主营业务为环保工程及服务、水利水电、新能源发电、风能发电、光伏制造、园林工程和重点向新技术、新材料等新旧动能转换产业升级先行公司，连续三年内不存在环境违法行为的工业上市公司以及华证 ESG 环境评级在 3B 以上的上市公司，其他上市公司为对照组。根据《国民经济行业分类与代码》（GB/T 4754—2017）中的行业分类，使用两位数行业代码对绿色信贷政策影响行业上市公司所属行业进行匹配。$\Delta credit_{i03-11}$ 指的是受到绿色信贷政策影响的强度，本书借鉴了陆菁等（2021）对绿色信贷指标的测度方式，采用企业商业信贷约束作为代理变量，该指标取值越大，企业对外部融资的依赖程度越低，受到绿色信贷的影响的作用越小，该指标变动情况和受政策影响的程度在数值上呈反方向变动，因此用乘以-1 来调整，所以当 $\Delta credit_{i03-11}$ 的取值越大，该企业受到的政策影响就越大。

　　控制变量。本书的控制变量包括宏观层面和微观层面。其中微观层面控制了企业的相关财务指标和企业特征，具体包括：企业的盈利能力（roa）、资产负债率（lev）、股权制衡度（shrcr）、企业信用融资规模（lnTCFT）、净资产收益率（ROE）、企业成长性（growth）、总资产周转率营运能力（invef-fft）、抵押能力（mortgage）；宏观层面控制了一些会对企业减污降碳绩效产生影响的地级市层面的指标变量，具体包括：绿地建设水平（lnpgreenland）、城镇化水平（urban）、外商投资水平（lnfdi）、工业发展规模（lngong）、环境规制水平（enregulatian）、金融支持水平（efinct）、产业结构（second）、经济发展水平（lnpgdp）。表 4.2 给出了本部分计量模型中主要变量的描述性统计分析和度量方法。

表 4.2 主要变量的度量方法与描述性统计分析

变量名称	变量说明	Obs	Mean	SD	Min	Max
CO_2 排放绩效（CO_2 perform）	根据 NN–DDF 模型进行测算	5621	−0.420	1.378	−18.275	1.000
工业废水排放绩效（codperform）	根据 NN–DDF 模型进行测算	4950	0.003	0.163	−2.2467	1.000
工业粉尘排放绩效（sootperform）	根据 NN–DDF 模型进行测算	5263	0.066	0.011	−0.013	1.000
SO_2 排放绩效（SO_2 perform）	根据 NN–DDF 模型进行测算	5389	0.038	0.010	0.031	1.000
商业信贷约束（credit）	应收账款净值/总资产	9334	0.008	0.060	−1.063	0.501
棕色实验组（2007−brown）	若企业为绿色信贷限制行业且样本年份在 2007 年及以后为 1，反之为 0	10638	0.304	0.460	0.000	1.000
绿色实验组（2007−green）	若企业为生态环保行业且样本年份在 2007 年及以后为 1，反之为 0	10638	0.017	0.131	0.000	1.000
盈利能力（roa）	营业利润/总资产	14727	0.075	0.093	−2.747	0.735
资产负债率（lev）	总负债/总资产	24754	0.438	0.205	0.000	1.867
股权制衡度（shrcr）	第一大股东持股比例	10264	39.181	16.031	0.321	88.549
企业信用融资规模（lnTCFT）	应收账款取对数	14557	18.300	1.736	4.515	25.863

续表

变量名称	变量说明	Obs	Mean	SD	Min	Max
净资产收益率（ROE）	净利润/股东权益平均余额	10375	0.083	0.262	−5.020	21.348
企业成长性（growth）	当年营业收入增长率［（本年主营业务收入－上年主营业务收入）/上年主营业务收入］	10254	0.283	0.709	−0.633	5.208
总资产周转率营运能力（inveffft）	业务收入净额/平均资产总额	13166	0.867	0.697	−0.013	12.110
抵押能力（mortgage）	固定资产净值+存货/总资产	11996	19.681	1.773	9.746	27.062
绿地建设水平（lnpgreenland）	人均建成区绿化覆盖面积取对数	2538	9.529	1.383	3.135	12.032
城镇化水平（urban）	建成区面积/地区总面积	2538	10.533	8.228	0.128	82.160
外商投资水平（lnfdi）	外商直接投资企业数取对数	2538	5.402	1.887	0.000	8.468
工业发展规模（lngong）	工业企业数目取对数	2538	7.510	1.401	1.792	9.824
环境规制水平（enregulatian）	综合污染排放指数	2538	0.207	0.174	0.000	0.939
金融支持水平（efinct）	城市年末金融机构贷款余额/地区生产总值	2538	2.045	1.004	0.075	9.656
产业结构（second）	第二产业产值/地区生产总值	2538	47.937	10.529	16.360	90.970
经济发展水平（lnpgdp）	人均地区生产总值取对数	2538	10.612	0.660	7.760	12.073

　　为了避免多变量之间强相关性较高导致模型的估计偏误，本书对模型中涉及的变量进行方差膨胀因子检验。结果表明，最大的方差膨胀因子（VIF）的均值为3.62，均远小于10，这个结果说明了各变量之间不存在多重共线性问题。

（3）平行趋势检验与政策效果的动态时变性

双重差分模型估计结果的有效性首先需要满足估计量的平行趋势假设成立，也就是要比较在受到政策冲击前的实验组和对照组随时间变化趋势是否满足一致性。本章设定的双重差分模型需要重点关注在 2007 年环保信贷政策实施之前，棕色企业实验组和对照组以及绿色企业实验组和对照组所对应减污降碳绩效估计参数下的时间平行趋势是否保持一致。图 4.5 的结果显示，在环保信贷政策执行之前，不管是棕色企业组还是绿色企业组所对应的解释变量的碳排放绩效估计参数均不显著，通过了平行趋势检验，同时，也可以发现在政策实施以后，棕色企业组对应的政策效应估计系数的时间变化趋势显著上升，但绿色企业虽有上升趋势，但不明显。图 4.6 的结果也显示了棕色企业组和绿色企业组所对应的工业废水排放绩效下的政策效应估计参数在政策实施前均不显著，通过了平行趋势检验，但棕色企业组和绿色企业组在政策实施后，其政策效应均不显著。图 4.7 的结果表明了棕色企业组和绿色企业组所对应的工业粉尘排放绩效下的政策效应估计参数在政策实施前均不显著且异于 0 值，满足平行趋势假设。同时环保信贷政策实施以后，棕色企业组的政策效应被削弱，其政策估计系数显著为负，但绿色企业组的政策效应较为显著，且该类企业的工业粉尘排放绩效随时间推移有一定程度的提升。图 4.8 的结果也表明了棕色企业组和绿色企业组所对应的工业 SO_2 排放绩效下的政策效应也通过了平行趋势假设检验，且政策实施后与工业粉尘排放绩效下的政策效应变化趋势较为相似，棕色企业组的政策效应显著为负，但绿色企业组的政策正向影响较为显著，说明了 2007 年的环保信贷政策下的异质性企业在工业粉尘和工业 SO_2 的减排绩效具有一定的协同性。

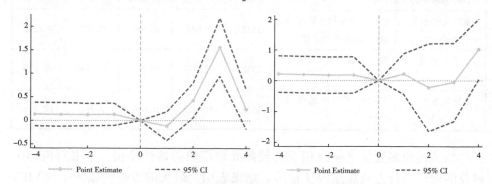

图 4.5　环保信贷政策对异质性企业的碳排放绩效的动态影响

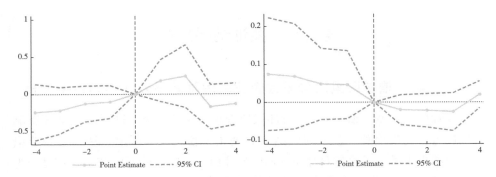

图 4.6　环保信贷政策对异质性企业的工业废水排放绩效的动态影响

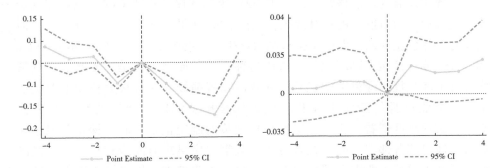

图 4.7　环保信贷政策对异质性企业的工业粉尘排放的动态影响

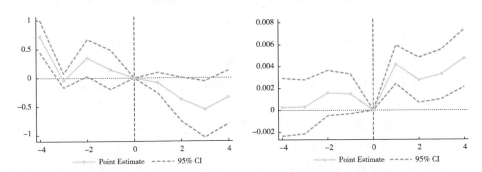

图 4.8　环保信贷政策对异质性企业的工业 SO_2 排放绩效的动态影响

第二节　实证结果分析

一、环保信贷政策对异质性企业减污降碳绩效的回归结果分析

本章依据计量模型（4.1）对环保信贷政策对棕色企业减污降碳绩效影响效果进行了初步检验，基准回归结果如表 4.3 和表 4.4 所示。从棕色企业组的回归结果来看，关键解释变量 bro2007 对 CO_2perform 的回归结果系数显著为正，但是对 codperform 的回归结果系数不显著，对 sootperform 和 SO_2perform 的回归系数均显著为负。该结果说明了 2007 年的环保信贷政策的实施对棕色企业的碳排放绩效有明显的提升效果，且在 1% 的水平上显著，验证了假说 1，但是没有对棕色企业的工业废水排放绩效产生明显的政策效应，且对 sootperform 和 SO_2perform 产生了削弱效果，造成这种现象的原因可能是，环保信贷政策作为首个环境规制绿色金融工具，其减污降碳绩效的提升很大程度上取决于银行和企业自身的策略选择和环境责任承担意识以及政府的奖惩约束机制，从宏观角度来看，我国对绿色信贷政策的制定正处于起步探索阶段，无法较好地协调各部门之间的权责分工，政策效应显现时间线较长，同时经济增长正处于以重工业为主的快速上升阶段，工业规模的扩张和污染产业转移导致各个地区工业污染排放增加速度大于工业产业结构调整下的工业污染排放速度，发达地区为达到环境治理目标和减少环境治理成本，采用策略性环保行为，将本地的高污染、高排放、高能耗的公司转移到环境规制强度较低的邻近地区，造成了"以邻为壑"污染外溢现象，同时欠发达地区的首要目标是缓解地方经济增长压力，在任何目标前优先经济发展，加快缩小区域间收入差距，因此承接了大批"两高一剩"的工业产业，可能会增加更多的污染重点区域，地方政府间在环境治理方面的"逐底竞争"，造成了"污染回流"和"能源回弹"的现象（武祯妮等，2021），不利于棕色企业的减污绩效。在微观层面来看，环保信贷政策没有明确的各层面责任的处罚条例和严格的监督检查，且上市公司环境信息披露也是自行选择，银行和企业会从自身利益最大化的角度出发，在响应环保信贷政策号召时，很容易出现"言行不一"和策略性减排行为的情况，同时，对于工业废水而言，其造成的环境危害是长期积累造成的，在短时间内治理效果不明显。

表 4.3　环保信贷政策对棕色企业减污降碳绩效的影响

分组	棕色企业			
变量	（1）	（2）	（3）	（4）
	CO_2perform	codperform	sootperform	SO_2perform
bro2007	1.534*	-0.067	-0.092***	-0.500***
	(0.880)	(0.042)	(0.022)	(0.114)
2007-brown	0.352***	-0.0308	-0.003***	0.024
	(0.048)	(0.053)	(0.001)	(0.0164)
roa	1.688**	1.762	-0.071	-0.085
	(0.721)	(4.053)	(0.067)	(0.074)
lev	-0.192*	-4.728**	0.032	-0.106*
	(0.100)	(2.054)	(0.029)	(0.057)
shrcr	-0.007***	0.023*	-0.002***	-0.001**
	(0.002)	(0.013)	(0.000)	(0.001)
lnTCFT	0.057***	-0.225**	0.008**	-0.007
	(0.013)	(0.108)	(0.004)	(0.005)
ROE	-0.351*	-4.700	0.044	0.031
	(0.201)	(4.461)	(0.029)	(0.027)
growth	0.001**	-0.021**	-0.001**	0.0001*
	(0.000)	(0.008)	(0.000)	(0.0001)
inveffft	-0.080	-0.203	0.004	0.011
	(0.105)	(0.223)	(0.014)	(0.014)
mortage	-0.015	0.107	0.023***	0.013**
	(0.020)	(0.155)	(0.006)	(0.005)
lnpgreenland	0.368***	0.007*	-0.027***	0.114***
	(0.034)	(0.004)	(0.010)	(0.014)
urban	-0.038***	-0.000	-0.005***	0.000
	(0.005)	(0.000)	(0.001)	(0.001)
lnfdi	0.393***	-0.070***	-0.008	-0.024
	(0.096)	(0.019)	(0.016)	(0.016
lngong	-1.046***	0.039***	0.133***	0.059***
	(0.196)	(0.014)	(0.018)	(0.020)

续表

分组	棕色企业			
变量	(1)	(2)	(3)	(4)
	CO_2perform	codperform	sootperform	SO_2perform
enregulatian	−1.216***	−0.170***	−0.129**	−0.364***
	(0.157)	(0.043)	(0.051)	(0.053)
efinct	−0.228***	−0.008***	0.112***	0.013
	(0.049)	(0.003)	(0.009)	(0.010)
second	0.012***	−0.003***	−0.002**	−0.001
	(0.002)	(0.001)	(0.001)	(0.001)
lnpgdp	−0.405***	−0.030**	0.228***	0.194***
	(0.085)	(0.013)	(0.0208)	(0.0278)
_cons	11.479***	0.710***	−3.388***	−1.109***
	(1.190)	(0.186)	(0.236)	(0.295)
企业固定效应	Yes	Yes	Yes	Yes
时间固定效应	Yes	Yes	Yes	Yes
观测值	5073	5073	5073	5073
R−squared	0.4855	0.6091	0.6420	0.3239

注：所有回归均聚类于行业层面，括号内为聚类标准误；*、**、*** 分别表示 10%、5% 和 1% 的显著性水平。

从绿色企业组表 4.4 的回归结果来看，关键解释变量 gre2007 对 CO_2perform 的回归结果系数不显著，且对 codperform 的回归结果系数不显著，对 sootperform 和 SO_2perform 的回归系数均显著为正。该结果说明了 2007 年的环保信贷政策的实施对绿色企业的碳排放绩效不存在提升效果，同样也没有对棕色企业的工业废水排放绩效产生明显的政策效应，但是对 sootperform 和 SO_2perform 有显著的提升效果，造成这种现象的原因可能是，该阶段的绿色企业组大多是以排放工业粉尘和工业 SO_2 的企业占比较多，在环境治理资金不断投入的情况下，该类企业通过改善脱硫技术和引进 S-Zorb 技术等减污节能技术，使得工业 SO_2 年处理量达到两百多万吨，脱硫石膏的综合利用率逐年递增，脱硫改造工程建成投产，脱硫效率和投运率分别超过 92% 和 98%，工业粉尘去除率也在逐年攀升（石光等，2016），相关举措有利于提升该类企业的减污绩效，研究结论论证了假说 2。

表 4.4　环保信贷政策对绿色企业减污降碳绩效的影响

分组	绿色企业			
变量	（1）	（2）	（3）	（4）
	CO_2 perform	codperform	sootperform	SO_2 perform
gre2007	2.708 *	−0.983	0.0367 ***	0.004 ***
	（1.366）	（0.928）	（0.001）	（0.0016）
2007−green	0.014	−0.097	0.0001 **	0.0001
	（0.102）	（0.070）	（0.00006）	（0.0001）
roa	1.759 **	0.003	0.769	−2.582
	（0.740）	（0.032）	（0.760）	（8.341）
lev	−0.252 ***	−0.008	−0.825 ***	−4.060
	（0.095）	（0.015）	（0.257）	（2.823）
shrcr	−0.007 ***	0.001 **	0.001	−0.105 ***
	（0.002）	（0.0001）	（0.002）	（0.026）
lnTCFT	0.057 ***	−0.0001	0.048 *	0.405
	（0.012）	（0.001）	（0.028）	（0.307）
ROE	−0.379 *	−0.021	−0.221	4.262
	（0.202）	（0.036）	（0.349）	（3.827）
growth	0.001 **	−0.000	0.001	0.042
	（0.000）	（0.000）	（0.004）	（0.042）
inveffft	−0.076	−0.001	−0.137 **	−2.315 ***
	（0.104）	（0.005）	（0.067）	（0.736）
mortage	−0.026	0.007 **	−0.010	0.359
	（0.024）	（0.003）	（0.034）	（0.373）
lnpgreenland	0.351 ***	0.011 *	0.120 *	−3.721 ***
	（0.032）	（0.006）	（0.066）	（0.725）
urban	−0.036 ***	−0.000	−0.008	0.174 ***
	（0.006）	（0.000）	（0.005）	（0.053）
lnfdi	0.396 ***	−0.060 ***	0.072	1.792 **
	（0.094）	（0.020）	（0.065）	（0.711）
lngong	−1.078 ***	0.042 **	0.366 ***	−6.724 ***
	（0.206）	（0.017）	（0.106）	（1.163）

续表

分组	绿色企业			
变量	(1)	(2)	(3)	(4)
	CO_2perform	codperform	sootperform	SO_2perform
enregulatian	-0.878***	-0.212***	-1.735***	14.601***
	(0.202)	(0.058)	(0.265)	(2.913)
efinct	-0.367***	-0.015**	-0.368***	0.142
	(0.065)	(0.006)	(0.063)	(0.692)
second	0.008***	-0.003***	-0.005	0.562***
	(0.003)	(0.001)	(0.004)	(0.047)
lnpgdp	0.135	-0.026	-0.827***	0.624
	(0.113)	(0.015)	(0.102)	(1.114)
_cons	10.722***	0.472***	10.929***	-0.0386
	(1.620)	(0.178)	(1.580)	(0.0004)
企业固定效应	Yes	Yes	Yes	Yes
时间固定效应	Yes	Yes	Yes	Yes
观测值	5073	5073	5073	5073
R-squared	0.4808	0.6472	0.1711	0.1417

注：所有回归均聚类于行业层面，括号内为聚类标准误；*、**、***分别表示10%、5%和1%的显著性水平。

二、稳健性检验

本书考察的是2007年的环保信贷政策对棕色企业和绿色企业减污降碳的政策影响效应，但处于同一年份的由原国家环境保护总局下发的《环境信息公开办法（试行）》（国家环境保护总局令第35号），对企业环境信息披露部署了具体要求，其中规定了超标、超总量排放的企业必须公开环境信息，督促企业自觉披露环保活动与污染排放相关信息，并对自觉披露信息、环保效果良好的企业会采取媒体表彰、资金补助等不同方式激励方案，该政策的执行很可能会对2007年的环保信贷政策对微观效应评估产生政策干扰。本书借鉴武祯妮和尹应凯（2022）的方法，将其他政策的影响效应进行控制来剔除相关干扰。因为《环保信息公开办法》是从2008年5月1日起开始施行，本书构建了2008年《环境信息公开办法》的政策虚拟变量，即2008年以后异质性企业所在城市是否被纳入了政府环境信息公开评价体系

（PITI），以环境信息公开约束对企业减污降碳绩效造成的影响。如果异质性企业所在城市当年参与了政府环境信息公开评价，则在 2008 年以后赋值为 1，反之则赋值为 0。将《环保信息公开办法》政策虚拟变量作为控制变量纳入模型（4.1）中，表4.5 和表4.6 的回归结果显示核心解释变量 bro2007 和 gre2007 的回归系数的大小和符号与模型（1）的回归结果基本保持一致，可以说明在排除《环保信息公开办法》的政策影响后，环保信贷政策对异质性企业的减污降碳绩效的影响依然符合基本研究假设，同时也论证了基准回归结果的可信度。

表4.5 棕色企业组稳健性检验回归结果

分组	棕色企业			
变量	（1）	（2）	（3）	（4）
	CO_2perform	codperform	sootperform	SO_2perform
bro2007	1.703***	−0.128	−0.177*	−0.363*
	(0.849)	(0.079)	(0.002)	(0.193)
_cons	8.480***	0.698***	6.002***	0.037***
	(1.093)	(0.183)	(1.705)	(0.0001)
控制《环保信息公开办法》	Yes	Yes	Yes	Yes
控制变量	Yes	Yes	Yes	Yes
企业固定效应	Yes	Yes	Yes	Yes
时间固定效应	Yes	Yes	Yes	Yes
观测值	5073	5073	5073	5073
R-squared	0.4812	0.5942	0.3216	0.1000

注：所有回归均聚类于行业层面，括号内为聚类标准误；*、**、*** 分别表示 10%、5% 和 1% 的显著性水平。

表4.6 绿色企业组稳健性检验回归结果

分组	绿色企业			
变量	（1）	（2）	（3）	（4）
	CO_2perform	codperform	sootperform	SO_2perform
gre2007	2.715*	−1.012	0.0334***	0.003***
	(1.356)	(0.972)	(0.001)	(0.0012)
_cons	1.517***	0.518**	0.0805***	0.0397***
	(1.617)	(0.231)	(0.006)	(0.0007)

分组	绿色企业			
变量	（1）	（2）	（3）	（4）
	CO_2 perform	codperform	sootperform	SO_2 perform
控制《环保信息公开办法》	Yes	Yes	Yes	Yes
控制变量	Yes	Yes	Yes	Yes
企业固定效应	Yes	Yes	Yes	Yes
时间固定效应	Yes	Yes	Yes	Yes
观测值	5073	5073	5073	5073
R-squared	0.4809	0.6463	0.6535	0.5757

注：所有回归均聚类于行业层面，括号内为聚类标准误；*、**、*** 分别表示 10%、5% 和 1% 的显著性水平。

三、异质性讨论

区域整体发展水平和节能减排方式策略的差异都可能是引导微观企业如何结合内外发展情况和发展条件来推进高质量发展的主要原因，所以区域的发展状况会造成环保信贷政策在区域间存在一定的执行差异，也会使得环保信贷政策效应区域内的棕色企业和绿色企业间存在差异，而且异质性企业间的环境治理方式的差异也会对环保信贷政策的减污降碳效应产生不同程度的异质性影响。

因此本书将从区域发展水平差异和环境治理策略性差异对环保信贷政策在异质性企业间的减污降碳绩效的影响效果展开讨论。

（1）区域发展水平差异性

本书首先借鉴蔡庆丰等（2021）的研究方法，将城市分为一线城市（包括新一线城市）、二线城市和三线及以下城市。该划分标准是依据居民行为数据和城市大数据，对城市交通、经济、人口及流动、发展前景这几项指标对地级市及以上城市进行评估和分类，较为全面地反映出各个城市的社会经济综合发展水平。绿色企业和棕色企业分别在一线城市、二线城市以及三线及以下城市进行回归分析。回归结果如表 4.7 和表 4.8 所示。可以看到，在一线城市的棕色企业，环保信贷政策只对其碳排放绩效有显著的提升效应，但是对主要污染物的排放绩效没有凸显出政策效果。但是在一线城市的绿色企业在环保信贷政策的影响下，对碳排放绩效和工业粉尘排放绩效和工业 SO_2 排放绩效有显著的提升效果，该情况说明了一线城市的环保信贷政策实施效果较好，在很大程度上实现了绿色企业减污降碳的协调性，且有效提升了棕色企业的碳排放绩效，但是对其他工业排放物绩效没有作用效果，可能的原因是一线城市的棕色企业产业集中度高，且主要污染物排放多引发的环境治理难度相比于碳排放更大，具体表现为大气污染成因复杂，既要对一次污染物进行治理和控制，还要加强对二次污染物管控，在解决常规污染物问题的同时，新型大气污染物问题层出不穷，加大了棕色企业的环境治理成本，如果没有较强的环境信息披露约束和融资约束问题，大多棕色企业会倾向于策略性回应，而非实质性节能减排。此外，不论是棕色企业还是绿色企业的工业废水，在环保信贷政策的实施无法在短时间内有效提升工业废水排放绩效，这是因为一线城市中的工业企业集中于长三角和珠三角地区的下游，水污染行业高度集中，整治的周期较长，经济增长建立在长期且巨大的环境代价之上，多头管理，跨部门冲突、跨地区冲突所引发的行政成本过高导致水体治理的长远利益反而被忽视了。对于水污染企业来说，要求进行清洁生产审核的企业没有明确优惠政策，导致企业清洁生产的积极性不高。而监管和处罚力度也不强，难以对企业形成震慑，同时环保政策实施广度也较为有限且政策正处于发展初级阶段，使得对企业工业废水排放绩效的政策效力不明显。

在二线城市和三线及其他城市中，环保信贷政策对棕色企业减污降碳绩效没有体现出预期的提升效果，可能的原因是这类地区的融资渠道相比于东部地区较为紧缺，绿色技术创新水平存在一定的差距，同时该类地区存在较多的资源型地区和传统老工业基地，内外因素加大了该类地区的不可持续发展程度，使得该类地区的棕色企业比一线城市的工业企业面临更大的投融资压力，另外存在很大数量的高负债、低盈利特征的僵尸企业，该类企业的竞争弱化效应在二三线城市更加明显，随着融资约束问题的不断加深，在企业异常经营的情况下，环保信贷政策的实施会进一步缩小该类企业的发展瓶颈，导致政策在二三线城市的减污降碳效应不显著。但二线城市绿色企业的codperform、sootperform 和 SO_2perform 的政策效应系数显著为正，三线城市绿色企业组的 sootperform 和 SO_2perform 的政策效应系数显著为正说明了二三线城市的环保信贷政策对这两类区域绿色企业的资金支持起到了一定的政策效果。前文分析出这两类地区的融资需求较多，但融资渠道相对匮乏，政府为有效巩固环境治理成效，会通过各种举措鼓励更多工业企业绿色转型，所以该类地区中的绿色企业更有动力进行自主节能减排，有利于提升绿色企业的减污绩效（张笑和胡金焱，2022）。

表 4.7　一线城市棕色企业回归结果

变量	（1） CO_2perform	（2） codperform	（3） sootperform	（4） SO_2perform
bro2007	2.659 **	−0.115	−0.004	−0.00037
	(1.328)	(0.123)	(0.004)	(0.0005)
_cons	16.474 ***	−2.423 ***	−0.019	0.030 ***
	(2.260)	(0.634)	(0.022)	(0.002)
控制变量	Yes	Yes	Yes	Yes
企业固定效应	Yes	Yes	Yes	Yes
时间固定效应	Yes	Yes	Yes	Yes
观测值	2376	2376	2376	2376
R-squared	0.4127	0.6842	0.6051	0.6842

注：所有回归均聚类于行业层面，括号内为聚类标准误；*、**、*** 分别表示 10%、5% 和 1% 的显著性水平。

表 4.8　一线城市绿色企业回归结果

变量	（1） CO_2perform	（2） codperform	（3） sootperform	（4） SO_2perform
gre2007	2.116 *	−0.839	0.104 ***	0.010 ***
	(1.091)	(0.920)	(0.036)	(0.003)
_cons	16.709 ***	2.650 ***	−0.169 ***	−0.048 ***
	(2.290)	(0.647)	(0.029)	(0.003)
控制变量	Yes	Yes	Yes	Yes
企业固定效应	Yes	Yes	Yes	Yes
时间固定效应	Yes	Yes	Yes	Yes
观测值	2376	2376	2376	2376
R-squared	0.4122	0.6323	0.6708	0.6708

注：所有回归均聚类于行业层面，括号内为聚类标准误；*、**、*** 分别表示 10%、5% 和 1% 的显著性水平。

表 4.9　二线城市棕色企业回归结果

变量	（1） CO_2perform	（2） codperform	（3） sootperform	（4） SO_2perform
bro2007	0.486	0.00365	−0.789	0.000024
	(0.388)	(0.002)	(1.353)	(0.00001)

续表

变量	（1）	（2）	（3）	（4）
	CO_2perform	codperform	sootperform	SO_2perform
_cons	6.225***	0.093***	1.941	0.039***
	（0.983）	（0.028）	（1.477）	（0.000）
控制变量	Yes	Yes	Yes	Yes
企业固定效应	Yes	Yes	Yes	Yes
时间固定效应	Yes	Yes	Yes	Yes
观测值	1135	1135	1135	1135
R-squared	0.3099	0.7792	0.2997	0.7797

注：所有回归均聚类于行业层面，括号内为聚类标准误；*、**、*** 分别表示10%、5%和1%的显著性水平。

表4.10　二线城市绿色企业回归结果

变量	（1）	（2）	（3）	（4）
	CO_2perform	codperform	sootperform	SO_2perform
gre2007	−1.295	0.163*	0.006*	0.001*
	（8.612）	（0.083）	（0.003）	（0.0001）
_cons	1.944	0.090***	0.069***	0.039***
	（1.887）	（0.027）	（0.001）	（0.0001）
控制变量	Yes	Yes	Yes	Yes
企业固定效应	Yes	Yes	Yes	Yes
时间固定效应	Yes	Yes	Yes	Yes
观测值	1135	1135	1135	1135
R-squared	0.3933	0.7818	0.7818	0.7819

注：所有回归均聚类于行业层面，括号内为聚类标准误；*、**、*** 分别表示10%、5%和1%的显著性水平。

表4.11　其他城市棕色企业回归结果

变量	（1）	（2）	（3）	（4）
	CO_2perform	codperform	sootperform	SO_2perform
bro2007	−0.187*	0.039*	0.00011	0.00001
	（0.100）	（0.023）	（0.000）	（0.000）
_cons	1.351***	−0.126	0.067***	0.038***
	（0.235）	（0.079）	（0.0002）	（0.0001）

续表

变量	（1）	（2）	（3）	（4）
	CO_2perform	codperform	sootperform	SO_2perform
控制变量	Yes	Yes	Yes	Yes
企业固定效应	Yes	Yes	Yes	Yes
时间固定效应	Yes	Yes	Yes	Yes
观测值	1434	1434	1434	1434
R-squared	0.3653	0.2031	0.8551	0.8551

注：所有回归均聚类于行业层面，括号内为聚类标准误；*、**、*** 分别表示10%、5%和1%的显著性水平。

表4.12　其他城市绿色企业回归结果

变量	（1）	（2）	（3）	（4）
	CO_2perform	codperform	sootperform	SO_2perform
gre2007	0.007	−0.158*	0.00013**	0.0005**
	（0.241）	（0.085）	（0.0001）	（0.0002）
_cons	1.505***	−0.214**	0.067***	0.038***
	（0.288）	（0.105）	（0.0002）	（0.0001）
控制变量	Yes	Yes	Yes	Yes
企业固定效应	Yes	Yes	Yes	Yes
时间固定效应	Yes	Yes	Yes	Yes
观测值	1407	1407	1407	1407
R-squared	0.3866	0.2076	0.8581	0.8581

注：所有回归均聚类于行业层面，括号内为聚类标准误；*、**、*** 分别表示10%、5%和1%的显著性水平。

（2）环境治理方式异质性

本书将企业的环境治理方式分为前端治理和末端治理，根据上市公司的环境披露信息和经营相关信息披露以及社会责任报告，对前端治理（FT）指标的衡量方式是看企业披露的相关信息中是否会出现开发或运用对环境有益信息的产品、技术或设备的相关信息，对末端治理（ET）的衡量方式是看企业披露的相关信息中是否有制定和采取减少废气及温室气体处理以及废水治理、内燃机尾气处理等的相关排放标准和措施，具体回归结果如表4.13和表4.14所示，在以末端治理方式为主的棕色企业中，环保信贷政策的实施不仅没有体现出对企业减污降碳绩效的提升效果，反而对该类企业的减污降碳绩效体现出一定程度的抑制作用，这种现象的成因可能是在环保信贷政策执行初期，这些原本环保意识较弱的企业会选择"先污染，后治理"的末端治理方式，这种治理方式成本高，效率低，且一些"三高"企业预期环保信贷政策在长期会对其收益有一定的冲击，趁该政策未发展成熟且没有对其排污行为采取严苛的行政处罚，会不断加快化石能源的开采和投入，以粗放式的生产方式对其生产和加工，这样会导致能源要素价格下降，需求量上升，刺激了 CO_2 排放和主要污染排放物排放量增加，棕色企业通过扩大隐性经济规模引致环境污染增加速度大于环保信贷政策行政管制下的减排效应，使得环保信贷政策效应在市场参与者的投机行为下出现事与愿违的情况，反而在短期内不利于减污降碳效应，造成了"绿色悖论现象"，加剧各个层面的气候变化风险。而对于采用前端治理方式的棕色企业来说，能够有效提升碳排放绩效，说明了环保信贷政策的实施有利于提升前端治理方式下 CO_2 排放绩效。与棕色企业相比，本文选取的绿色企业样本都是以前端治理方式为主，且在环保信贷政策的资金支持下，有效提升了企业的碳排放绩效和工业粉尘排放绩效以及 SO_2 排放绩效，该情况一方面说明了环保信贷政策对绿色企业减污降碳绩效的有效性，另一方面也说明了前端治理相比于末端治理会更加有益于企业的减污降碳效应。

表 4.13 棕色企业的异质性排污方式回归结果

变量	(1)	(2)	(3)	(4)	(5)	(6)	(7)	(8)
	CO_2 perform	codperform	sootperform	SO_2 perform	CO_2 perform	codperform	sootperform	SO_2 perform
	末端治理				前端治理			
bro2007	3.088	-0.396***	-0.014***	-0.001***				
	(5.130)	(0.131)	(0.005)	(0.000)				
					3.067*	-0.312	-0.011	-0.001
					(1.724)	(0.191)	(0.007)	(0.001)
_cons	-0.443***	0.005	0.066***	0.038***	-0.442***	0.004	0.066***	0.038***
	(0.025)	(0.004)	(0.000)	(0.000)	(0.025)	(0.004)	(0.000)	(0.000)
控制变量	Yes	Yes	Yes	Yes	Yes	Yes	Yes	Yes
企业固定效应	Yes	Yes	Yes	Yes	Yes	Yes	Yes	Yes
时间固定效应	Yes	Yes	Yes	Yes	Yes	Yes	Yes	Yes
观测值	298	298	298	298	851	851	851	851
R-squared	0.0593	0.2602	0.1709	0.1709	0.1018	0.0724	0.6140	0.7180

注：所有回归均聚类于行业层面，括号内为聚类标准误；*、**、*** 分别表示 10%、5% 和 1% 的显著性水平。

表 4.14　绿色企业减排方式

变量	（1） $CO_2 perform$	（2） codperform	（3） sootperform	（4） $SO_2 perform$
	前端治理			
gre2007	7.918 * （4.386）	−2.270 （1.528）	0.985 * （0.530）	0.091 * （0.049）
_cons	−0.690 *** （0.047）	−0.023 *** （0.003）	−0.080 *** （0.015）	−0.040 *** （0.001）
控制变量	Yes	Yes	Yes	Yes
企业固定效应	Yes	Yes	Yes	Yes
时间固定效应	Yes	Yes	Yes	Yes
R-squared	0.5164	0.8906	0.4823	0.4823
观测值	622	622	622	622

注：所有回归均聚类于行业层面，括号内为聚类标准误；*、**、*** 分别表示 10%、5% 和 1% 的显著性水平。

四、政策协同效应

本书参考齐绍洲等（2018）的方法，本章通过构造三重差分模型来考察其他同期环保政策与环保信贷政策的组合实施对企业减污降碳绩效的协同效果，模型设定如下：

$$PCR_{it} = \alpha_0 + \alpha_1 Gci_{it} \times Treat_{ct} + \beta_1 Gci_{it} + \beta_2 Test_{it} + \beta_3 X_{ict} + \beta_4 Treat_{ct}$$
$$+ \mu_i + \lambda_t + \gamma_c + \varepsilon_{ict} \tag{4.5}$$

其中，下标所指代对象和相关变量解释与模型（4.1）相近，新引入的变量 $Treat_{ct}$ 表示 2007 年后是否为中国 SO_2 排污权交易试点地区（江苏省、天津市、浙江省、河北省、山西省、重庆市、湖北省、陕西省、内蒙古自治区、湖南省、河南省）或 2008 年后是否为提高排污费征收标准的省市地区（山西省、河北省、山东省、内蒙古自治区、上海市），如果是则赋值为 1，反之为 0。本部分的重点关注核心变量是 $Gci_{it} \times Treat_{ct}$，该变量的系数 α_1 反映了在 SO_2 排污权交易试点地区或者排污费加倍（将 SO_2 排污费由原来的 0.63 元/千克，提高一倍至 1.26 元/千克）征收地区内的实验组棕色企业和绿色企业相对于其他对照组企业在环保信贷政策实施后的减污降碳绩效变化。

（1）SO_2 排污权交易政策—环保信贷政策组合的减污降碳效应研究

排污权交易试点政策作为财政部、国家环境保护部以及国家发展改革委于 2007 年先后批复了江苏、天津、浙江、河北、山西、重庆、湖北、陕西、内蒙古、湖南、河南 11 个 SO_2 排污权交易试点省（市），涉及钢铁、水泥、玻璃、化工、采矿等多个重工业行业，SO_2 排污权交易试点政策利用市场手段将企业排放污染的外部性矛盾内部化，将 SO_2 排污权转化为企业的减排成本和盈利背后所要付出的环境代价，该项政策标志着中国排污权交易逐步走上规范化和制度化道路，该项政策有助于商业银行识别重污染企业和节能环保企业，更好地实现信贷资源的合理配置。在对环保信贷政策和排污权交易试点政策组合的协同效应进行检验之前，首先需对排污权交易试点政策是否对企业减污降碳绩效产生影响进行相关检验。从表 4.15 的回归结果来看，该试点政策对试点地区企业的 CO_2 排放绩效有显著的提升作用，对 SO_2 的排放绩效也起到了提升效果，说明了该政策对 SO_2 排放绩效存在政策效应，但是该效应的影响不大，同时对 CO_2 排放绩效产生了协同增效的效果。从表 4.16 和表 4.17 两种政策组合对棕色企业和绿色企业减污降碳绩效回归关键变量 broso2 和 greso2 的系数和正负来看，这两种政策的协同实施会带来棕色企业 SO_2 排放绩效和工业粉尘排放绩效的协同增效，而且对绿色企业的碳排放绩效起到了正向促进的作用，该结论验证了假说 8。

表 4.15　SO_2 排污权交易政策对减污降碳绩效的影响效果

变量	(1) CO_2 perform	(2) codperform	(3) sootperform	(4) SO_2 perform
SO_2-2007	0.248***	-0.153***	-0.005***	0.0005***
	(0.046)	(0.036)	(0.001)	(0.0001)
_cons	7.200***	-0.021	0.065***	0.039***
	(0.995)	(0.072)	(0.003)	(0.001)
控制变量	Yes	Yes	Yes	Yes
企业固定效应	Yes	Yes	Yes	Yes
时间固定效应	Yes	Yes	Yes	Yes
观测值	5073	5073	5073	5073
R-squared	0.4197	0.6013	0.6853	0.6852

注：所有回归均聚类于行业层面，括号内为聚类标准误；*、**、*** 分别表示 10%、5% 和 1% 的显著性水平。

表 4.16　SO_2 排污权交易政策—环保信贷政策对棕色企业减污降碳绩效的影响效果

分组	棕色企业			
变量	(1)	(2)	(3)	(4)
	CO_2perform	codperform	sootperform	SO_2perform
broSO$_2$	0.109	0.023	0.004***	0.0004***
	(0.071)	(0.051)	(0.001)	(0.0001)
bro2007	1.400***	-0.042	-0.0014***	-0.00013***
	(0.426)	(0.044)	(0.000)	(0.000)
SO_2-2007	0.258***	-0.143***	-0.007***	0.0007***
	(0.053)	(0.035)	(0.000)	(0.000)
_cons	9.736***	-1.044***	0.065***	0.038***
	(1.914)	(0.350)	(0.005)	(0.000)
控制变量	Yes	Yes	Yes	Yes
企业固定效应	Yes	Yes	Yes	Yes
时间固定效应	Yes	Yes	Yes	Yes
观测值	5073	5073	5073	5073
R-squared	0.4218	0.6210	0.1995	0.2239

注：所有回归均聚类于行业层面，括号内为聚类标准误；*、**、*** 分别表示 10%、5% 和 1% 的显著性水平。

表 4.17　SO_2 排污权交易政策—环保信贷政策对绿色企业减污降碳绩效的影响效果

分组	绿色企业			
变量	(1)	(2)	(3)	(4)
	CO_2perform	codperform	sootperform	SO_2perform
greso2	0.205**	-0.003	-0.111	-0.010
	(0.099)	(0.028)	(0.067)	(0.006)
gre2007	1.359	-0.726	0.0054*	0.0005*
	(1.519)	(0.720)	(0.003)	(0.0003)
SO_2-2007	0.236***	-0.211***	-0.0053***	-0.000494***
	(0.051)	(0.056)	(0.0012)	(0.00011)
_cons	9.559***	-0.951***	0.090***	0.041***
	(1.101)	(0.313)	(0.007)	(0.001)
控制变量	Yes	Yes	Yes	Yes

续表

分组	绿色企业			
变量	（1）	（2）	（3）	（4）
	CO_2 perform	codperform	sootperform	SO_2 perform
企业固定效应	Yes	Yes	Yes	Yes
时间固定效应	Yes	Yes	Yes	Yes
观测值	5073	5073	5073	5073
R-squared	0.4821	0.7116	0.6108	0.6108

注：所有回归均聚类于行业层面，括号内为聚类标准误；*、**、*** 分别表示 10%、5% 和 1% 的显著性水平。

（2）排污费征收上调政策—环保信贷政策组合的减污降碳效应研究

排污收费制度一直以来属于我国历时长、范围广、较为完善的强制型环境规制工具，且在 2018 年我国的排污费演化升级为环境保护税，而 2007 年的排污费上调制度作为早期排污费制度完善的一个强有力的举措，由国务院印发的《节能减排综合性工作方案》，要求一些重污染地区按照补偿成本治理原则提高排污费征收标准，将 SO_2 排污费由原来 0.63 元/千克，提高一倍至 1.26 元/千克。该次排污费调整幅度较大，使得高排放企业实质性排污成本大幅增加，在一定程度上推动了"三高"企业主动进行节能减排，同时，企业为规避缴纳排污费带来的负面影响，会在环保投资投入更多的资金，而节能减排项目普遍具有周期长、短期收益率低、不可预期的风险高等特点，企业无法单凭内部融资来缓解由环保问题引发的资金压力和经营风险，因此企业外部融资的主要来源也就是商业银行的贷款流向决定了企业的环境治理表现，这为环保信贷政策的有效实施提供了良好的外部环境。所以，本章将重点讨论排污费征收上调政策和环保信贷政策组合下的政策协同效应对企业减污降碳绩效的影响。在对环保信贷政策和排污权交易试点政策组合的协同效应进行检验之前，首先需对排污费征收上调政策是否对企业减污降碳绩效产生影响进行相关检验。从表 4.18 的回归结果来看，政策变量 poll2007 对 CO_2 排放绩效、工业废水排放绩效、工业粉尘排放绩效、工业 SO_2 排放绩效均为正数，说明了该政策的实施有效提升了企业的减污降碳绩效。从表 4.19 和表 4.20 两种政策组合对棕色企业的减污降碳绩效回归关键变量系数（broSO_2）来看，这两种政策的组合实施会带来棕色企业主要污染物排放绩效的协同增效，但对碳排放绩效没有提升效果，该结论也支持论证了假说 8。但是排污费征收上调政策和环保信贷政策的协同实施对绿色企业的减污降碳效果没有起

89

到提升效果之外，反而对工业废水排放绩效和碳排放绩效起到了一定的抑制作用，出现这种现象的原因可能是一些正在转型中的绿色企业会面临环保收费和内外融资约束的双重压力，绿色信贷政策体系构建尚在初期，绿色信贷的实际发放规模可能无法及时满足该类企业的融资需求，在企业无法正常获利的情况下，绿色企业的减污降碳效果也无法达到预期目标。

表 4.18 排污费征收上调政策对企业减污降碳绩效的影响效果

变量	（1）	（2）	（3）	（4）
	CO_2perform	codperform	sootperform	SO_2perform
poll2007	0.956***	0.012**	0.035*	0.0031*
	(0.091)	(0.005)	(0.0017)	(0.002)
_cons	6.999***	−0.868***	0.034***	0.035***
	(0.829)	(0.272)	(0.009)	(0.001)
控制变量	Yes	Yes	Yes	Yes
企业固定效应	Yes	Yes	Yes	Yes
时间固定效应	Yes	Yes	Yes	Yes
观测值	5073	5073	5073	5073
R-squared	0.4394	0.5757	0.6991	0.6991

注：所有回归均聚类于行业层面，括号内为聚类标准误；*、**、*** 分别表示 10%、5% 和 1% 的显著性水平。

表 4.19 排污费征收上调政策—环保信贷政策对棕色企业减污降碳绩效的影响效果

分组	棕色企业			
变量	（1）	（2）	（3）	（4）
	CO_2perform	codperform	sootperform	SO_2perform
bropoll	−0.394	0.177**	0.006**	0.001**
	(1.247)	(0.078)	(0.003)	(0.000)
bro2007	1.459***	−0.093	−0.003*	−0.00032*
	(0.492)	(0.057)	(0.002)	(0.000)
_cons	6.246***	−0.219	0.054***	0.037***
	(1.763)	(0.149)	(0.006)	(0.001)
控制变量	Yes	Yes	Yes	Yes
企业固定效应	Yes	Yes	Yes	Yes
时间固定效应	Yes	Yes	Yes	Yes

续表

分组	棕色企业			
变量	（1）	（2）	（3）	（4）
	CO_2perform	codperform	sootperform	SO_2perform
观测值	5073	5073	5073	5073
R-squared	0.4786	0.6959	0.5673	0.5569

注：所有回归均聚类于行业层面，括号内为聚类标准误；*、**、*** 分别表示 10%、5% 和 1% 的显著性水平。

表 4.20 排污费征收上调政策—环保信贷政策对绿色企业减污降碳绩效的影响效果

分组	绿色企业			
变量	（1）	（2）	（3）	（4）
	CO_2perform	codperform	sootperform	SO_2perform
grepoll	−0.101***	−0.021***	0.388	0.036
	（0.030）	（0.005）	（1.669）	（0.155）
gre2007	1.209	−0.739	0.004***	0.00033***
	（0.859）	（0.746）	（0.001）	（0.000）
_cons	6.985***	0.687***	0.095***	0.041***
	（0.857）	（0.181）	（0.007）	（0.001）
控制变量	Yes	Yes	Yes	Yes
企业固定效应	Yes	Yes	Yes	Yes
时间固定效应	Yes	Yes	Yes	Yes
观测值	5073	5073	5073	5073
R-squared	0.4604	0.6046	0.6521	0.5744

注：所有回归均聚类于行业层面，括号内为聚类标准误；*、**、*** 分别表示 10%、5% 和 1% 的显著性水平。

第三节 本章小结

2007 年的初始绿色信贷政策的实施激励异质性企业的减污降碳绩效方面发挥着金融部门的引导作用。同时，宏观层面通过外部行政干预来将环保信号传递给企业，微观层面通过企业自身策略和生产方式的调整，来应对外部环境对其施加的环境治理压力。在当时的经济发展背景下，环保信贷政策的实施效果是否在企业的减污降碳绩效方面得以体现，怎样的实施环境和企业表现能够激发政策效应，政策协同是否表现出"1+1>2"的减污降碳效果，本章主要围绕这几个关键问题对绿色信贷构建的初始阶段政策效应进行评估，并且通过构建实证模型和应用计量方法来验证前文提出的研究假说。

据此，本研究借助 2003—2011 年中国 A 股上市公司的非平衡面板数据，以 2007 年《关于落实环保政策法规防范信贷风险的意见》（以下简称环保信贷政策）作为政策冲击，构建连续型 DID 模型，分别研究了环保信贷政策实施对棕色企业和绿色企业减污降碳绩效的影响效果以及其稳健性、异质性和其他政策的协同效应。实证研究发现：（1）环保信贷政策的实施有助于提升棕色企业的碳排放绩效和绿色企业的工业粉尘排放绩效和工业 SO_2 排放绩效，但是对这两类企业的工业废水排放绩效没有凸显出政策效果，同时也论证了研究假说1和假说2。（2）本章通过排除其他政策干扰对基准回归结果进行了稳健性检验，检验结果论证了基准结论的可靠性。（3）本章在得出基准结论的基础上，考虑到区域整体发展水平和节能减排方式策略的差异都可能会影响到政策的实施效果，因此，本章探讨了异质性企业在一线、二线城市、三线及其他城市的减污降碳绩效差异，研究发现，在一线城市，环保信贷政策只对碳排放绩效有显著的提升效应，但是对主要污染物的排放绩效没有凸显出政策效果。但是在一线城市的绿色企业在环保信贷政策的影响下，对碳排放绩效和工业粉尘排放绩效以及工业 SO_2 排放绩效有显著的提升效果；在二线城市和三线及其他城市中，环保信贷政策对棕色企业减污降碳绩效没有体现出预期的提升效果，但二线城市绿色企业的 codperform、sootperform 和 SO_2perform 的政策效应系数显著为正，三线城市绿色企业组的 sootperform 和 SO_2perform 的政策效应系数显著为正。在讨论企业的污染治理方式异质性时，研究发现：在以末端治理方式为主的棕色企业中，环保信贷政策的实施不仅没有体现出对企业减污降碳绩效的提升效果，反而对该类企业的减污降碳绩效体现出一定程度的抑制作用，但以前端治理方式为主的棕色企业关于碳排放绩效有显著的正向政策效应。与棕色企业相比，本书选取的绿色企业样本都是以前端治理方式为主，且在环保信贷政策的资金支持下，有效提升了企业的碳排放绩效和工业粉尘排放绩效以及 SO_2 排放绩效，该情况一方面说明了环保信贷政策对绿色企业减污降碳绩效的有效性，另一方面也说明了前端治理相比于末端治理会更加有益于企业的减污降碳效应。（4）在讨论环保信贷政策与同期同种性质的环保政策工具协同效应时，主要讨论了 SO_2 排污权交易试点政策和排污费征收上调政策和环保信贷政策工具组合实施对异质性企业减污降碳绩效的影响，研究发现：SO_2 排污权交易试点政策和环保信贷政策的协同实施会带来棕色企业 SO_2 排放绩效和工业粉尘排放绩效的协同增效，而且对绿色企业的碳排放绩效起到了正向促进作用，该结论验证了研究假说8；排污费征收上调政策和环保信贷政策的组合实施会带来棕色企业主要污染物排放绩效的协同增效，但对碳排放绩效没有提升效果，该结论也支持论证了假说8。该政策组合对绿色企业的减污降碳效果没有起到提升效果之外，反而对工业废水排放绩效和碳排放绩效起到了一定的抑制作用。

　　上述结论虽然说明了在我国工业化进程的中后期阶段，中国初始绿色信贷政策实施在特定环境中对企业的减污降碳绩效产生了一定程度的正向促进作用，异质性企业间、工业排放物之间的减污降碳效应没有体现出协同效果，但是也说明了即使在前期发展阶段中由于内外因素和环境导致的政策效应不突出的情况下，也起到了良好的开端效果，向市场发出了绿色信贷金融工具将持续推广和拓展的信号，为下一阶段绿色信贷政策的实施和完善打下了坚实的基础，提供了宝贵经验，有效调动国家、地方政府、中央—地方金融部门、各行业企业更好地结合中国实际国情来协调配合，为下一阶段的可持续发展目标各司其职，各尽其用。所以，在新发展阶段，国家和地方政府是如何进一步优化和完善绿色信贷政策，下一阶段的绿色信贷政策是否进一步提升、怎样提升棕色企业和绿色企业的减污降碳绩效？这些问题的讨论将在下一章节详细展开。

第五章 绿色信贷政策发展阶段对企业减污降碳绩效的影响研究

为了缓解各方积极进行绿色转型的资金压力，我国正构建并优化"自上而下"的顶层设计与"自下而上"的基层惩罚—激励相结合的绿色信贷政策体系。相较于绿色信贷政策体系构建初期的标志性政策文件《关于落实环境保护政策法规防范信贷风险的意见》的实施，绿色信贷政策综合阶段的标志性政策——《绿色信贷指引》严格要求各大商业银行对不符合产业政策和环境要求的企业和项目进行信贷控制，以金融手段遏制"两高一剩"行业的扩张，成为绿色信贷政策实施和体系构建过程中的关键性指导文件。

本章在前文理论分析和研究假说提出的基础上，构建计量模型来回答并分析上述问题，同时来验证本书提出的研究假说。具体包括以下几个部分：首先，构建连续型双重差分模型，来讨论在绿色信贷政策发展阶段，绿色信贷指引政策的实施对棕色企业和绿色企业减污降碳绩效的影响效果，进而论证假说1和假说2。其次，通过替换核心解释变量和改变政策实施时间表示方法、反事实模拟分析、提出同期政策干扰等一系列稳健性检验来验证实证结果的可靠性；并且根据行业竞争度、城市绿色金融发展水平、行业性质对棕色企业和绿色企业进行分类，对绿色信贷指引政策的减污降碳效应进行异质性讨论。最后，在机制渠道方面，运用调节效应模型、机制检验模型、门槛效应模型、三重差分模型，来逐一识别"企业数字化转型""金融资源配置""绿色技术溢出效应""环境监管门槛效应""政策协同效应"这几条影响机制和渠道在绿色信贷指引政策影响异质性企业减污降碳绩效过程中的作用效果。

第一节 政策背景与模型设计

一、政策背景和特征事实分析

绿色信贷政策的发展阶段正处于我国国民经济和社会发展第十二个五年

规划期（2011—2015 年），该阶段的工业发展模式仍然是以重工业为主，但是数字经济进入了快速发展期。在此背景下，党中央从战略高度来把握生态文明建设，并提出了一系列新的历史任务，在增进人民群众生态福祉和应对气候变化风险的各项工作中取得重大进展，我国的生态环境质量朝着稳中向好的态势不断发展。国家生态环境部统计数据显示，我国 2017 年主要污染物化学需氧量（COD）和氨氮、SO_2、NO_x 排放量相比于 2007 年分别下降 46%、72% 和 34%。"十二五"规划中的四项污染物排放目标已提前在 2015 年上半年完成。水污染治理方面，COD 排放量下降推动了我国主要大江大河水环境质量逐步好转，重要标志是劣 V 类断面比例大幅减少，由 2001 年的 44% 降到 2014 年的 9.0%，降幅达 80%。重金属污染事件由 2010—2011 年的每年 10 余起下降到 2012—2014 年的平均每年 3 起，"十二五"以来，全国新增城镇污水处理能力 4800 万吨/日，约可新增服务人口 3 亿多人；累计污水处理能力达 1.75 亿吨，和发达国家的处理能力相当，已成为全世界污水处理能力最大的国家之一。在以 $PM_{2.5}$ 为代表的空气质量指标改善方面，中国作为全球首个提出治理 $PM_{2.5}$ 的发展中国家，为解决严峻的空气污染问题采取了一系列严防严控举措来弥补我国生态环境领域的突出短板。2014 年首批实施新环境空气质量标准的 74 个城市 $PM_{2.5}$ 平均浓度比 2013 年下降 11.1%。完成了 3.2 亿千瓦火电机组新建或改造脱硫设施，脱硫机组累计达 8.2 亿千瓦，占全国煤电总装机容量的 96%；6.6 亿千瓦火电机组新建脱硝设施，脱硝机组累计达 7.5 亿千瓦，占煤电总装机容量的 87%；完成煤电行业超低排放改造 8400 万千瓦，约占全国煤电装机的 1/10，正在进行改造的超过 8100 万千瓦。在"十二五"期间，还建成了发展中国家最大的空气质量监测网，全国 338 个地级及以上城市全部具备 $PM_{2.5}$ 等六项指标监测能力，为接下来打赢大气污染攻坚战奠定了坚实的基础。此外，中国碳交易市场现货累计成交量突破 2 亿吨 CO_2，为我国碳减排工作贡献出一定的市场力量。各地区的主要污染物和 CO_2 排放强度的既定目标保持了逐年下降的趋势，但是国家整体能源消费总量和排放强度仍然处于持续上升趋势，可以说明既定的节能减排强度目标对 CO_2 和主要污染物排放总量的作用效果较为有限，同时也不利于经济体的可持续发展。虽然前期的经济发展阶段我国在碳排放和污染物控排方面取得了实质性进展，但是在承诺时间内实现"双碳·双控"目标，仍然存在较大的差距和不确定性，急需"政府引导，市场主导"来统筹确保各主体间的协调性，而绿色金融工具则成为实现我国经济增长和生态保护之间长期均衡的有力杠杆。

为了进一步对 2007 年环保信贷政策进行完善，2012 年 2 月 24 日，银监会发布了《绿色信贷指引》，首次提出了绿色信贷政策体系的三大框架：环境社会风险管理、绿色金融产品创新和银行自身环境足迹，该文件是发展绿色信贷的纲领性文件，确立了绿色信贷政策体系的基本框架，同时明确了该体系今后发展的方向，对于绿色信贷政策体系的构建具有里程碑意义。所以，《绿色信贷指引》进一步明确了银行业绿色信贷的标准和原则，对金融机构如何有效开展绿色信贷、推动传统行业绿色改造以及支持绿色产业体系提出了详细的可操作性指导意见。主要是对银行业提出了以下三个方面的要求：一是要求商业银行等金融机构将绿色信贷业务上升到国家战略高度，制定差别化惩罚—激励利率，并确保绿色信贷的精准实施和有效开展；二是要求商业银行等金融机构充分了解并考察授信重污染企业和项目所需承担的环境风险和潜在损失，按照相关规定和实施标准取消环境绩效测评较差的重污染企业或项目的授信资格；三是要明确我国证监会和银监会对金融机构授信行为的监管和督查，以及银行对所授信企业和项目通过第三方评估来进行核查和追踪资金的主要用途，及时停止不达标项目的信贷供给，明确提出监管部门要全面评估商业银行等金融机构的绿色业务开展成效，按照相关法律法规将评估结果作为银行业金融机构监管评级、机构准入、业务准入、高管人员履职评价的重要依据。我国《绿色信贷指引》政策目前适用于中国境内依法设立的政策性银行、商业银行、农村合作银行、农村信用社，基于企业的环境绩效来进行信贷配给，不仅加大了金融机构对绿色经济、低碳经济、循环经济提供金融扶持力度，而且可以加强金融部门有效防范并化解环境不确定引发的金融风险，通过引导信贷资源对接绿色产业来提升金融机构自身的环境和社会表现，通过确保绿色信贷投放的力度精度来提升企业的减污降碳绩效。

本书绘制的图 5.1 至图 5.4 展示了在 2008—2016 年中国 A 股上市公司棕色行业和绿色行业减污降碳绩效和银行贷款占比均值之间的走势对比图，其中银行贷款占比指的是银行对"两高一剩"行业和环保行业贷款占全行业贷款总额的比例。根据各对比图展示的基本信息，棕色行业和绿色行业 CO_2 排放绩效和主要污染物排放绩效的变化趋势较为相似。从银行贷款情况来看，虽然棕色行业的银行贷款占比仍占据较大比例，但与上一阶段相比，上升幅度为 30%，且趋势均呈现出逐年下降的趋势，虽然绿色行业的银行贷款占比在 2013 年后呈现出逐年下降的趋势，但与上一阶段相比，整体贷款占比上升 50%，可以看出，银行对绿色行业的支持力度有一定程度的上升，但是却不稳定。从棕色行业和绿色行业的 CO_2 排放绩效和主要污染物排放绩效的动态变化趋势来看，CO_2 排放绩效在两类行业中处于波动式上升趋势，但仍然处于负值的时期且变化趋势不稳定；对于主要污染物排放绩效来看，棕色行业的工业废水排放绩效在 2015 年出现负值，绿色行业的排放绩效大多为正值，保持了较好的发展趋势；棕色行业和绿色行业的工业粉尘排放绩效和工业 SO$_2$ 排放绩效均为正值，且变化趋势表现出一定的协同效果，且银行贷款占比与这两种污染物排放绩效呈现出负向关系，出现这种现象的原因可能是对于棕色行业来说，银行贷款出于盈利目的，仍然将贷款投向棕色行业，导致了棕色行业的继续扩张和生态环境绩效不断下降。绿色信贷政策并未延长绿色企业的债务融资期限，虽然在一定水平上解决了"融资难"问题，但未有效解决"融资贵"的问题，同时，绿色行业的节能减排技术研发创新、绿色产品生产工艺升级或设备安装等，普遍具有周期长、前期收益低和风险高的特点，这些现状会使银行授信的积极性不强，绿色信贷支持力度仍有所保留，绿色企业要想继续得到银行信贷的支持，在贷款不利的情况下，也会继续提升减污降碳绩效水平，以期得到银行更多的资金投入。

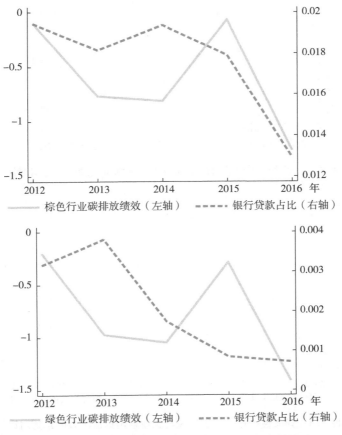

图 5.1　异质性行业的贷款情况与碳排放绩效的走势对比

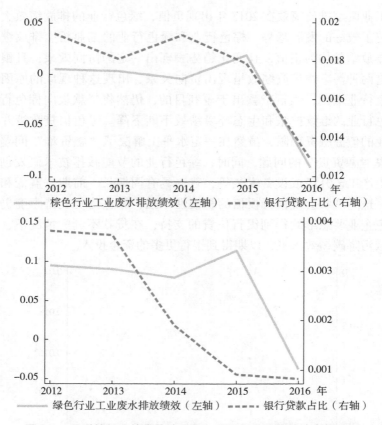

图 5.2 异质性行业的贷款情况与工业废水排放绩效的走势对比

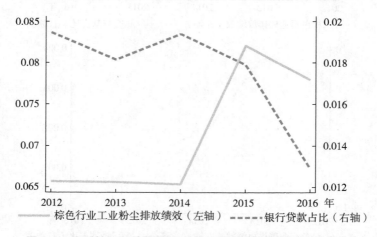

图 5.3 异质性行业的贷款情况与工业粉尘排放绩效的走势对比

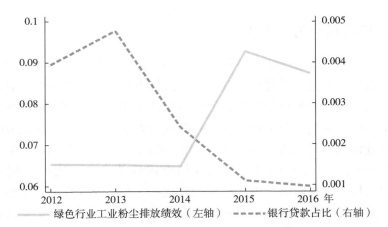

图 5.3 异质性行业的贷款情况与工业粉尘排放绩效的走势对比（续）

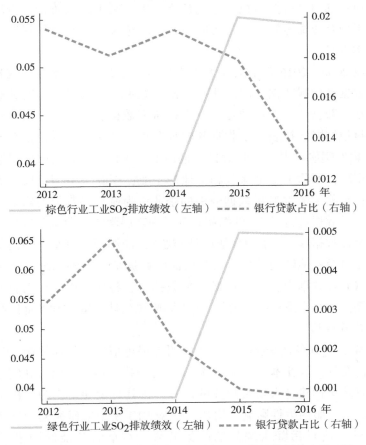

图 5.4 异质性行业的贷款情况与工业 SO₂ 排放绩效的走势对比

（资料来源：国泰安数据库和作者测算的减污降碳绩效指标）

二、研究设计与变量选取

前文的政策背景和特征事实分析说明了在 2012 年绿色信贷指引政策对商业银行的授信行为进行了规范和管理后，虽然银行对绿色企业的贷款加大了一定的支持力度，棕色企业的贷款占比处于波动中下降趋势，但棕色企业和绿色企业的碳排放绩效和工业废水排放绩效均处于先上升后下降的状态，这一现状描述说明了绿色信贷指引引发的环境效应仍然需要进一步检验和讨论。绿色信贷指引能否对异质性企业的减污降碳绩效产生一定的协同提升效果，如果可以，这种影响是否在不同的宏观—中观—微观环境下存在一定的差异？导致这种影响的内外机制和渠道有哪些？通过观察企业的减污降碳绩效变化来解答上述问题，有助于在国家"双碳·双控"战略目标背景下，进一步评估银行部门是否落地执行绿色信贷指引？是否积极履行自身环境社会责任以及引导企业绿色转型，是否助力完善绿色金融实现最优资源配置具有重要的现实意义。

本章以 2008—2016 年中国 A 股上市公司和 282 个地级市为研究样本，组成了宏观数据和微观数据构成的非平衡面板数据。微观层面的财务数据来源主要是国泰安数据库、万得数据库、中国研究数据服务平台、EPS 数据库以及各公司年报和财务报表手工收集和整理获得，碳交易市场控排企业名单通过 Python 软件爬取获得，同时对样本期内 ST、PT、＊ST 上市公司数据进行了筛选和剔除；剔除了金融保险和房地产企业；剔除了资产负债率大于 1 的公司数据；剔除了关键变量数据缺失的企业；为避免异常值的影响，并对所有非虚拟变量数据进行了 1% 的缩尾处理。中观层面的行业基础数据来自中国工业行业统计数据库、《中国环境统计年鉴》，能源消费量来自中国能源行业研究数据库以及各地区统计局。宏观层面的数据来源于各地级市的《城市统计年鉴》、CEIC 数据库、CEADS 碳排放数据库、各地级市统计局官网、各地级市国民经济和社会发展统计公报、《中国能源统计年鉴》和各地区统计局。

（1）构建模型

2012 年的《绿色信贷指引》是国家明确绿色信贷政策体系今后发展的方向的纲领性文件。因此本章以 2012 年绿色信贷政策指引的出台和实施作为中国绿色信贷政策构建进入发展阶段的标志，将其政策冲击作为一次准自然时间，同时为了克服内生性影响，构建连续型 DID 模型来研究初始绿色信贷政策的实施对企业减污降碳绩效的政策效果。本章的基准回归模型与模型（5.1）相似，具体设定如下：

$$PCR_{it} = \alpha_0 + \beta_1 Gci_{it} + \beta_2 Test_{it} + \beta_3 X_{ict} + \mu_i + \lambda_t + \varepsilon_{ict} \qquad (5.1)$$

其中，i 表示企业，t 表示年份。被解释变量 PCR_{it} 表示的是企业的减污降碳绩效，具体分为碳排放绩效（CO_2perform）、工业废水排放绩效（codperform）、工业粉尘排放绩效（sootperform）、工业 SO_2 排放绩效（SO_2perform）。核心解释变量 Gci_{it} 表示的绿色信贷的代理指标与绿色信贷指引政策实施时间与各实验组虚拟变量的乘积，度量实验组受到绿色信贷政策影响的程度。$Test_{it}$ 是区分是否会受到绿色信贷指引政策影响的棕色企业（2012-brown）或绿色企业（2012-green），X_{ict} 代表城市和企业层面的一系列控制变量的集合，同时，为了避免由研究样本的自相关问题与异方差引起的测算误差，模型中加入企业固定效应（μ_i）和时间固定效应（λ_t），ε_{ict} 表示模型的干扰项。

（2）变量选取

本章的被解释变量和主要解释变量以及控制变量的衡量指标和方法与第四章基本保持一致，故不再重复赘述。具体的描述性统计如表 5.1 所示。

表 5.1　主要变量的度量方法与描述性统计分析

变量名称	变量说明	Obs	Mean	SD	Min	Max
CO_2 排放绩效（CO_2perform）	根据 NN-DDF 模型进行测算	7387	−0.645	1.396	−9.545	1.000
工业废水排放绩效（codperform）	根据 NN-DDF 模型进行测算	7387	−0.004	0.256	−4.280	1.000
工业粉尘排放绩效（sootperform）	根据 NN-DDF 模型进行测算	7387	0.071	0.072	−0.084	1.000
SO_2 排放绩效（SO_2perform）	根据 NN-DDF 模型进行测算	7387	0.044	0.074	0.024	1.000
商业信贷约束（credit）	应收账款净值/总资产	22391	0.007	0.029	−0.573	0.510
棕色实验组（2012-brown）	绿色信贷限制行业企业且在 2012 年及以后为 1，反之为 0	7387	0.050	0.218	0.000	1.000
绿色实验组（2012-green）	若企业为生态环保行业且样本年份在 2012 年及以后为 1，反之为 0	7387	0.016	0.124	0.000	1.000
盈利能力（roa）	营业利润/总资产	22385	0.074	0.082	−1.094	0.547

续表

变量名称	变量说明	Obs	Mean	SD	Min	Max
资产负债率（lev）	总负债/总资产	22573	0.439	0.205	0.001	1.867
股权制衡度（shrcr）	第一大股东持股比例	14330	36.679	15.445	0.321	86.494
企业信用融资规模（lnTCFT）	应收账款取对数	22189	18.685	1.773	4.883	24.913
净资产收益率（ROE）	净利润/股东权益平均余额	14511	0.082	0.214	-2.816	21.348
企业成长性（growth）	当年营业收入增长率	14259	0.435	13.107	-1.312	29.219
总资产周转率营运能力（inveffft）	业务收入净额/平均资产总额	20600	0.815	0.593	0.002	11.335
抵押能力（mortgage）	固定资产净值+存货/总资产	16682	19.818	1.892	9.166	26.639
绿地建设水平（lnpgreenland）	人均建成区绿化覆盖面积取对数	2538	9.763	1.274	3.135	12.032
城镇化水平（urban）	建成区面积/地区总面积	2538	11.154	7.426	0.128	82.474
外商投资水平（lnfdi）	外商直接投资企业数取对数	2538	5.327	1.901	0.000	8.468
工业发展规模（lngong）	工业企业数目取对数	2538	7.466	1.323	1.792	9.824
环境规制水平（enregulatian）	综合污染排放指数	2538	0.168	0.148	0.000	0.919
金融支持水平（efinct）	城市年末金融机构贷款余额/地区生产总值	2538	11.604	13.490	0.075	29.478
产业结构（second）	第二产业产值/地区生产总值	2538	43.976	11.637	13.680	90.970
经济发展水平（lnpgdp）	人均地区生产总值取对数	2538	11.110	0.544	8.388	12.579

为了避免多变量之间强相关性较高导致模型的估计偏误，本书对模型中涉及的变量进行方差膨胀因子检验。结果表明，最大的方差膨胀因子（VIF）的均值为2.72，均远小于10，这个结果说明了各变量之间不存在多重共线性

问题。

（3）平行趋势检验

双重差分模型估计结果的有效性首先需要满足估计量的平行趋势假设成立，也就是要比较在受到政策冲击前的实验组和对照组随时间变化趋势是否满足一致性。本章设定的双重差分模型需要重点关注在 2012 年绿色信贷指引政策实施之前，棕色企业实验组和对照组以及绿色企业实验组和对照组所对应减污降碳绩效估计参数下的时间平行趋势是否保持一致。图 5.5 至图 5.6 为异质性企业绿色信贷指引政策与各工业排放物之间的平行趋势检验，左边为棕色企业，右边为绿色企业。图 5.5 表明了在绿色信贷指引政策实施之前，不管是棕色企业还是绿色企业，各期主要解释变量对碳排放绩效的系数估计值均不显著，实验组和对照组企业在政策实施前没有表现出明显差异，研究样本通过了平行趋势检验，同时当绿色信贷指引政策实施后，政策估计系数变化趋势随时间的推移显著上升，说明了绿色信贷指引政策对企业的碳排放绩效有正向的促进效果。同理，图 5.6、图 5.7、图 5.8 均说明了在绿色信贷指引政策实施之前，在棕色企业组和绿色企业组的各期主要解释变量对工业废水排放绩效、工业粉尘排放绩效、工业 SO_2 的估计系数值均不显著，实验组和对照组企业在政策实施前没有表现出明显差异，满足了双重差分模型的平行趋势假设。其中，绿色信贷指引政策随着时间的变化显著提升了工业废水排放绩效、工业粉尘排放绩效，但是棕色企业组的工业 SO_2 排放绩效在政策执行之后表现出了明显的下降趋势，说明了一些主要排放 SO_2 的棕色企业没有体现出经济效益和污染物减排的协同增效。

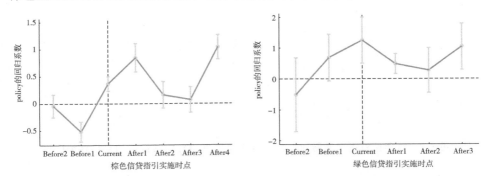

图 5.5　绿色信贷指引政策对异质性企业的碳排放绩效的平行趋势检验

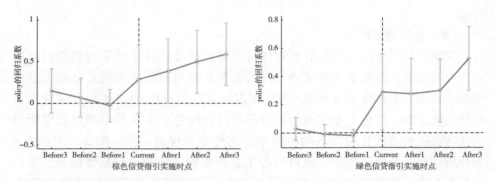

图 5.6　绿色信贷指引政策对异质性企业的工业废水排放绩效的平行趋势检验

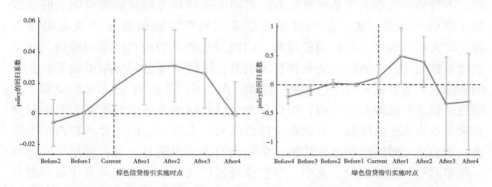

图 5.7　绿色信贷指引政策对异质性企业的工业粉尘排放绩效的平行趋势检验

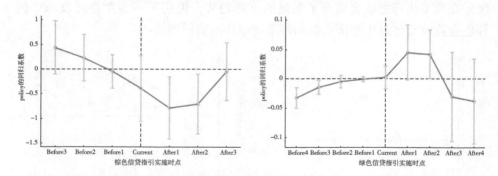

图 5.8　绿色信贷指引政策对异质性企业的工业 SO_2 排放绩效的平行趋势检验

第二节 实证结果分析

一、绿色信贷指引政策对棕色企业减污降碳绩效的回归结果分析

本章依据计量模型（5.1）来对绿色信贷指引政策的微观减污降碳影响效果进行了基准回归，具体的回归结果如表 5.2 和表 5.3 所示。该结果说明了绿色信贷指引政策的实施有效提升了棕色企业的减污降碳绩效，这里的污染物指的是工业废水排放和工业粉尘，验证了研究假说 1 和假说 2，该政策与 2007 年的环保信贷政策实施效果相比，其政策效应更加明显，不仅实现了减污降碳绩效的协同增效，而且对工业废水排放绩效的影响效果更强，虽然绿色信贷指引政策对工业 SO_2 排放绩效没有表现出显著的政策效应，但是相比于 2007 年，绿色信贷指引政策的实施对其影响由负转正。这个结论说明了绿色信贷政策的发展阶段有利于棕色企业绿色转型。

表 5.2 绿色信贷指引政策对棕色企业减污降碳绩效的影响

变量	（1）	（2）	（3）	（4）
	CO_2perform	codperform	sootperform	SO_2perform
bro2012	1.235*	1.335*	0.072**	0.080
	(0.716)	(0.796)	(0.035)	(0.076)
2012-brown	-0.034	0.013**	0.004**	0.002
	(0.060)	(0.006)	(0.002)	(0.004)
roa	-0.765	0.106*	0.028*	0.034
	(0.507)	(0.056)	(0.016)	(0.022)
lev	-0.201	0.016	-0.002	0.014
	(0.126)	(0.022)	(0.007)	(0.011)
shrcr	-0.008***	0.000	-0.000	-0.000
	(0.002)	(0.000)	(0.000)	(0.000)
lnTCFT	0.020	0.003	0.001	0.002***
	(0.012)	(0.002)	(0.001)	(0.001)
ROE	0.316	-0.051*	-0.007	-0.013*
	(0.192)	(0.026)	(0.008)	(0.007)

续表

变量	（1） $CO_2perform$	（2） codperform	（3） sootperform	（4） $SO_2perform$
growth	0.001***	0.000	0.000***	0.000**
	(0.000)	(0.000)	(0.000)	(0.000)
inveffft	−0.088**	−0.000	−0.000	−0.004
	(0.033)	(0.004)	(0.001)	(0.002)
mortage	0.008	0.000	−0.001	−0.002**
	(0.017)	(0.001)	(0.001)	(0.001)
lnpgreenland	−0.448***	−0.020	0.024***	−0.002*
	(0.025)	(0.017)	(0.007)	(0.001)
urban	−0.035***	−0.001***	−0.001***	−0.000*
	(0.004)	(0.000)	(0.000)	(0.000)
lnfdi	0.183***	0.089***	0.076***	−0.005***
	(0.025)	(0.018)	(0.016)	(0.001)
lngong	−0.591***	−0.060***	−0.041***	0.004**
	(0.051)	(0.010)	(0.009)	(0.002)
enregulatian	−0.540**	−0.166***	−0.032***	−0.048***
	(0.262)	(0.036)	(0.008)	(0.009)
efinct	0.222***	0.010***	0.001	0.015***
	(0.040)	(0.003)	(0.002)	(0.004)
second	0.009***	0.006***	0.002***	0.001***
	(0.003)	(0.001)	(0.001)	(0.000)
lnpgdp	−0.008	0.040***	0.008***	−0.009***
	(0.064)	(0.008)	(0.002)	(0.003)
_cons	3.956***	−0.850***	−0.448***	−0.265***
	(0.940)	(0.200)	(0.111)	(0.086)
企业—行业固定效应	Yes	Yes	Yes	Yes
时间固定效应	Yes	Yes	Yes	Yes
地区固定效应	Yes	Yes	Yes	Yes
观测值	7245	7245	7245	7245
R-squared	0.4515	0.1671	0.5319	0.3483

注：所有回归均聚类为行业层面，括号内为聚类标准误；*、**、***分别表示10%、5%和1%的显著性水平。

从表 5.3 的回归结果来看，绿色信贷指引政策实施对绿色企业组的 CO_2 排放绩效、工业废水排放绩效、工业粉尘排放绩效、工业 SO_2 排放绩效均表现出一定程度的正向影响，也体现出政策对绿色企业的不同排放物的减排效应存在很好的协同性，在验证了研究假说 1 和假说 2 的同时，不仅说明了绿色信贷指引的执行效力相比于 2007 年的环保信贷政策更有效率，也说明了我国的绿色信贷政策得到了进一步的完善，不仅能够不断深化对绿色企业的减污降碳协同效应，同时也倒逼棕色企业节能减排和环境保护，取得了阶段性成效。

表 5.3 绿色信贷指引政策对绿色企业减污降碳绩效的影响

变量	(1)	(2)	(3)	(4)
	CO_2 perform	codperform	sootperform	SO_2 perform
gre2012	3.225**	0.847*	0.101*	0.093*
	(1.531)	(0.505)	(0.060)	(0.055)
2012-green	−0.063	0.027	−0.000	−0.001
	(0.255)	(0.017)	(0.011)	(0.010)
roa	−0.669	0.271***	0.034	0.028
	(0.788)	(0.096)	(0.032)	(0.023)
lev	−0.283	0.014	0.013	0.018
	(0.216)	(0.036)	(0.010)	(0.012)
shrcr	−0.000	−0.000	−0.000	0.000
	(0.003)	(0.000)	(0.000)	(0.000)
lnTCFT	−0.064***	0.004	0.002***	0.002**
	(0.024)	(0.005)	(0.001)	(0.001)
ROE	0.351	−0.071**	−0.010	−0.002
	(0.287)	(0.035)	(0.007)	(0.006)
growth	0.003***	0.000***	0.000***	0.000
	(0.001)	(0.000)	(0.000)	(0.000)
inveffft	−0.097	0.011	−0.003	−0.001
	(0.092)	(0.012)	(0.002)	(0.002)
mortage	−0.106***	−0.003	−0.002**	−0.003**
	(0.033)	(0.004)	(0.001)	(0.001)
lnpgreenland	0.410***	0.051***	0.000	−0.000
	(0.087)	(0.012)	(0.001)	(0.001)

续表

变量	（1）	（2）	（3）	（4）
	CO_2 perform	codperform	sootperform	SO_2 perform
urban	0.013*	0.002***	−0.000	−0.000
	(0.007)	(0.000)	(0.000)	(0.000)
lnfdi	0.066	−0.031***	−0.006***	−0.001**
	(0.080)	(0.011)	(0.001)	(0.001)
lngong	−0.078	−0.004	0.004**	0.001
	(0.157)	(0.008)	(0.002)	(0.002)
enregulatian	−3.172***	−0.106***	−0.050***	−0.067***
	(0.216)	(0.029)	(0.009)	(0.013)
efinct	0.060	−0.021*	0.014***	0.014***
	(0.084)	(0.011)	(0.004)	(0.004)
second	0.041***	−0.001	0.001***	0.001***
	(0.008)	(0.001)	(0.000)	(0.000)
lnpgdp	−0.831***	−0.014	−0.009***	−0.015***
	(0.204)	(0.011)	(0.002)	(0.003)
_cons	2.354**	0.431*	−0.207**	−0.173*
	(0.982)	(0.242)	(0.084)	(0.095)
企业固定效应	Yes	Yes	Yes	Yes
时间固定效应	Yes	Yes	Yes	Yes
观测值	7245	7245	7245	7245
R-squared	0.5297	0.1154	0.0429	0.0574

注：所有回归均聚类于行业层面，括号内为聚类标准误；*、**、***分别表示10%、5%和1%的显著性水平。

二、稳健性检验

（1）替换主要解释变量

本书使用企业商业信贷约束作为绿色信贷的代理变量只是考虑到绿色信贷给企业带来的融资约束程度，为了避免采用单一的绿色信贷测算方法而导致的度量偏误，本书借鉴了刘锡良和文书洋（2019）的测算方式，将企业长期借款占银行贷款总额的比例作为绿色信贷强度的另一个代理替代变量，其中重污染企业的绿色信贷代理指标用乘以−1来调整，将代理指标引入基准计量模型（5.1）中，表5.4和表5.5的回归结果显示，当替换核心解释变量以后，绿色信贷指引政策不管是对棕色企业还是绿色企业，其主要解释变量的回归系数符号和大小基本没有发生变化，验证了基准回归结果的稳健性。

表5.4　棕色企业组稳健性检验一结果

变量	（1）	（2）	（3）	（4）
	$CO_2perform$	codperform	sootperform	$SO_2perform$
bro2012	1.974*	0.951*	0.110**	0.064
	(1.037)	(0.571)	(0.044)	(0.039)
_cons	−12.117***	−0.643***	−0.448***	−0.490***
	(3.603)	(0.203)	(0.111)	(0.115)
控制变量	Yes	Yes	Yes	Yes
企业固定效应	Yes	Yes	Yes	Yes
时间固定效应	Yes	Yes	Yes	Yes
观测值	7241	7241	7241	7241
R-squared	0.5773	0.5611	0.3481	0.3443

注：所有回归均聚类于行业层面，括号内为聚类标准误；*、**、***分别表示10%、5%和1%的显著性水平。

表5.5　绿色企业组稳健性检验一结果

变量	（1）	（2）	（3）	（4）
	$CO_2perform$	codperform	sootperform	$SO_2perform$
gre2012	3.468***	0.641*	0.044*	0.048**
	(1.207)	(0.347)	(0.022)	(0.023)
_cons	1.974	−0.456***	−0.447***	−0.378**
	(1.861)	(0.152)	(0.111)	(0.145)
控制变量	Yes	Yes	Yes	Yes
企业固定效应	Yes	Yes	Yes	Yes
时间固定效应	Yes	Yes	Yes	Yes
观测值	7240	7240	7240	7240
R-squared	0.5297	0.5271	0.3480	0.4060

注：所有回归均聚类于行业层面，括号内为聚类标准误；*、**、***分别表示10%、5%和1%的显著性水平。

（2）政策实施时间表示方法

考虑到不同政策公布的具体月份也会对政策结果产生差异性影响的差

异，本书参考孙天阳等（2020）的方法，对涉及的棕色企业实验组和绿色企业实验组的政策实施时间虚拟变量赋值 5/6，因为绿色信贷指引政策是 2012 年 2 月开始执行的，从表 5.6 和表 5.7 的估计结果可以发现，bro2012 和 gre2012 的估计系数与基本回归估计系数无显著差别，表明了基准估计结果是稳健的。

表 5.6　棕色企业组稳健性检验二结果

变量	（1） CO_2 perform	（2） codperform	（3） sootperform	（4） SO_2 perform
bro2012	1.946* (1.040)	0.951* (0.571)	0.110** (0.044)	0.064 (0.039)
_cons	−12.158*** (3.602)	−0.643*** (0.203)	−0.448*** (0.111)	−0.490*** (0.115)
控制变量	Yes	Yes	Yes	Yes
企业固定效应	Yes	Yes	Yes	Yes
时间固定效应	Yes	Yes	Yes	Yes
观测值	7241	7241	7241	7241
R-squared	0.5774	0.5611	0.3481	0.3443

注：所有回归均聚类于行业层面，括号内为聚类标准误；*、**、*** 分别表示 10%、5% 和 1% 的显著性水平。

表 5.7　绿色企业组稳健性检验二结果

变量	（1） CO_2 perform	（2） codperform	（3） sootperform	（4） SO_2 perform
gre2012	3.468*** (1.207)	0.641* (0.347)	0.044* (0.022)	0.048** (0.023)
_cons	1.974 (1.861)	−0.456*** (0.152)	−0.447*** (0.111)	−0.378** (0.145)
控制变量	Yes	Yes	Yes	Yes
企业固定效应	Yes	Yes	Yes	Yes
时间固定效应	Yes	Yes	Yes	Yes
观测值	7240	7240	7240	7240
R-squared	0.5774	0.5611	0.3481	0.3443

注：所有回归均聚类于行业层面，括号内为聚类标准误；*、**、*** 分别表示 10%、5% 和 1% 的显著性水平。

（3）安慰剂检验

为避免基准回归结果受到不可观测因素的干扰，本书借鉴斯丽娟和曹昊煜（2022）的检验方法，保持政策时间不变，从样本中随机抽取与棕色企业和绿色企业同等数量的企业作为随机的处理组，其余企业作为虚假的对照组城市，按照基准计量模型（5.1）估计虚拟的政策效应，并通过反事实模拟500次，得到500个政策效应回归系数及其对应的p值。通过绘制这500个系数估计值的核密度分布和p值，从图5.9和图5.10中可以看出，基于随机样本估计得到政策效应回归系数基本分布在0的附近，并且政策估计系数的真

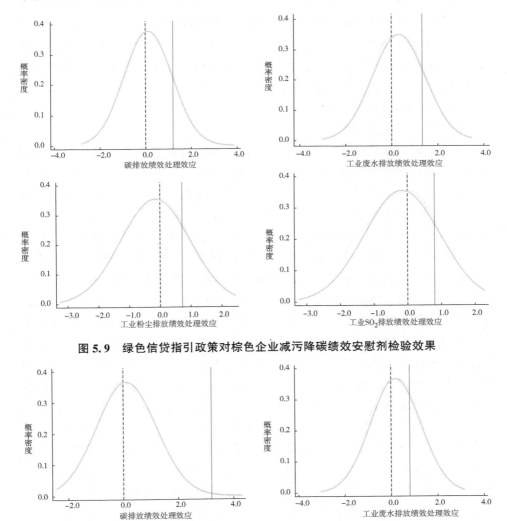

图 5.9 绿色信贷指引政策对棕色企业减污降碳绩效安慰剂检验效果

图 5.10 绿色信贷指引政策对绿色企业减污降碳绩效安慰剂检验效果

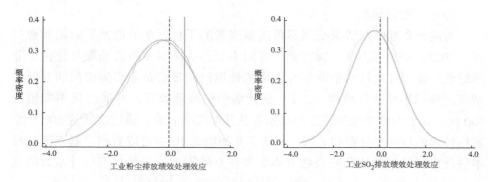

图 5.10　绿色信贷指引政策对绿色企业减污降碳绩效安慰剂检验效果（续）

实值独立于 500 次估计正态分布之外。这可以排除绿色信贷指引政策能够促进棕色企业和绿色企业提升减污降碳协同增效的结果并不是由不可观测因素导致的，进一步验证了基准结论的稳健性。

（4）剔除其他政策干扰

①剔除低碳试点政策效应的干扰

为了更好地探索减排与发展双赢的经济增长模式，处理好整体和局部的关系，国家发展改革委从 2010 年逐步启动了第一批低碳城市（广东、辽宁、湖北、陕西、云南五省和天津、重庆、深圳、厦门、杭州、南昌、贵阳、保定八市），从 2012 年启动了第二批低碳试点地区（北京市、上海市、海南省、石家庄市、秦皇岛市、晋城市、呼伦贝尔市、吉林市、大兴安岭地区、苏州市、淮安市、镇江市、宁波市、温州市、池州市、南平市、景德镇市、赣州市、青岛市、济源市、武汉市、广州市、桂林市、广元市、遵义市、昆明市、延安市、金昌市、乌鲁木齐市），截至当前已涵盖 6 个省份、81 个城市，低碳试点政策实施的目的是通过规划地区低碳发展模式，制定一系列支持地区以清洁低碳产业发展和"三高"行业高效转型的配套政策，建立温室气体排放监测和管理体系，倡导地区微观企业和消费者采取低碳绿色的生产方式、生活方式和消费模式，将"试点先行，以点带面"的发展模式为"双碳"目标的实现贡献区域力量。该政策与绿色信贷指引政策的实施时间重叠，对企业减污降碳政策效应尤其是碳排放绩效的政策效果的评估会存在一定程度的干扰，所以，本章将构建低碳试点政策的政策虚拟变量，即 2012 年以后上市公司所在地区为低碳试点城市，则设定为 1，其他为 0，将该政策虚拟变量作为控制变量纳入基准模型中进行回归，回归结果如表 5.8 和表 5.9 所示，主要核心解释变量的回归系数与基准回归相比基本保持一致，验证了基准结论的稳健性。

表5.8　棕色企业组剔除低碳试点政策干扰

变量	（1）	（2）	（3）	（4）
	CO_2 perform	codperform	sootperform	SO_2 perform
bro2012	0.097**	1.332*	0.075**	0.082
	（0.043）	（0.768）	（0.035）	（0.081）
_cons	8.518	−0.713***	−0.407***	−0.029
	（6.521）	（0.165）	（0.096）	（0.026）
控制变量	Yes	Yes	Yes	Yes
企业固定效应	Yes	Yes	Yes	Yes
时间固定效应	Yes	Yes	Yes	Yes
观测值	6860	6860	6860	6860
R-squared	0.5278	0.5340	0.3477	0.0367

注：所有回归均聚类于行业层面，括号内为聚类标准误；*、**、***分别表示10%、5%和1%的显著性水平。

表5.9　绿色企业组剔除低碳试点政策干扰

变量	（1）	（2）	（3）	（4）
	CO_2 perform	codperform	sootperform	SO_2 perform
gre2012	2.967*	0.858*	0.087*	0.077**
	（1.506）	（0.508）	（0.052）	（0.038）
_cons	6.801***	−0.104	−0.003	0.065***
	（1.166）	（0.163）	（0.026）	（0.021）
控制变量	Yes	Yes	Yes	Yes
企业固定效应	Yes	Yes	Yes	Yes
时间固定效应	Yes	Yes	Yes	Yes
观测值	6860	6860	6860	6860
R-squared	0.5161	0.1118	0.0393	0.0429

注：所有回归均聚类于行业层面，括号内为聚类标准误；*、**、***分别表示10%、5%和1%的显著性水平。

②控制大气污染防治行动计划政策效应

中国于2013年9月出台了《大气污染防治行动计划》，旨在保障人民群众的健康福利，以政府调控和市场调节相结合的方式，全面推进局部带动全局、区域间联防联控与属地原则相结合、大气污染物的控排量和提质量相协同的总体要求，加快形成"政府统领、企业施治、市场驱动、公众参与"的大气污染防治机制，本着"谁污染、谁负责，多排放、多负担，节能减排得收益、获补偿"的原则，实施分区域、分阶段、由单一污染物向多种污染物协同治理不断推进。由于该政策实施时段与绿色信贷指引政策实施相重合，对企业减污降碳政策效应尤其是重点大气污染物排放绩效的政策评估效果会存在一定程度的干扰，所以，本章将构建大气污染防治行动计划政策效应的政策虚拟变量，即 2013 年以后上市公司所在地区为大气污染防治行动管控的重点区域，则设定为 1，其他为 0，将该政策虚拟变量作为控制变量纳入基准模型中进行回归，回归结果如表 5.10 和表 5.11 所示，主要核心解释变量的回归系数与基准回归相比基本保持一致，验证了基准结论的稳健性。

表 5.10　棕色企业组控制大气污染防治行动计划政策效应

变量	(1)	(2)	(3)	(4)
	CO_2 perform	codperform	sootperform	SO_2 perform
bro2012	1.705 *	1.249 *	0.078 **	0.035
	(0.877)	(0.776)	(0.034)	(0.031)
_cons	−0.641	−0.774 ***	−0.410 ***	−0.441 ***
	(0.963)	(0.182)	(0.096)	(0.099)
控制变量	Yes	Yes	Yes	Yes
企业固定效应	Yes	Yes	Yes	Yes
时间固定效应	Yes	Yes	Yes	Yes
观测值	6630	6630	6630	6630
R-squared	0.5260	0.5295	0.3477	0.3438

注：所有回归均聚类于行业层面，括号内为聚类标准误；*、**、*** 分别表示 10%、5% 和 1% 的显著性水平。

表 5.11　绿色企业组控制大气污染防治行动计划政策效应

变量	(1)	(2)	(3)	(4)
	CO_2 perform	codperform	sootperform	SO_2 perform
gre2012	3.075 **	0.949 *	0.091 *	0.069 **
	(1.527)	(0.569)	(0.056)	(0.028)
_cons	6.909 ***	−0.094	−0.003	−0.392 ***
	(1.156)	(0.165)	(0.026)	(0.113)
控制变量	Yes	Yes	Yes	Yes
企业固定效应	Yes	Yes	Yes	Yes

变量	（1）	（2）	（3）	（4）
	$CO_2\,perform$	codperform	sootperform	$SO_2\,perform$
时间固定效应	Yes	Yes	Yes	Yes
观测值	6630	6630	6630	6630
R-squared	0.5163	0.1131	0.0395	0.4057

注：所有回归均聚类于行业层面，括号内为聚类标准误；*、**、*** 分别表示 10%、5% 和 1% 的显著性水平。

③控制水污染防治行动计划政策效应

我国的水污染问题一直以来是我国环境治理过程中的突出问题之一，严重威胁着人民群众的生命健康和水资源供给。为了应对水污染问题的紧迫性和艰巨性，2015 年 4 月 16 日，国务院印发《水污染防治行动计划》（以下简称"水十条"），以改善水环境质量为核心，按照"节水优先、空间均衡、系统治理、两手发力"的原则，贯彻"安全、清洁、健康"方针，对我国"珠三角""长三角"等重点江河湖海防治区域实施分流域、分区域、分阶段科学治理，要求形成"政府统领、企业施治、市场驱动、公众参与"的水污染防治新机制，主要确定了 10 个方面的措施，突出重点污染物、重点行业和重点区域，在污水处理、工业废水、全面控制污染物排放等多方面进行强力监管并启动严格问责制，标志着史上最严格水污染防治进入了"新常态"阶段。由于 2012 年的绿色信贷指引出台对水污染行业产生了一定的冲击，且该政策的实施时点正处于绿色信贷政策的发展阶段，对企业减污降碳政策效应尤其是工业废水排放绩效的政策评估效果会存在一定程度的干扰，所以，本章将构建水污染防治行动计划政策效应的政策虚拟变量，即 2015 年以后上市公司所在地区为水污染防治行动管控的重点区域，则设定为 1，其他为 0，将该政策虚拟变量作为控制变量纳入基准模型中进行回归，回归结果如表 5.12 和表 5.13 所示，主要核心解释变量的回归系数与基准回归相比基本保持一致，再一次验证了基准结论的稳健性。

表 5.12　棕色企业组控制水污染防治行动计划政策效应

变量	（1）	（2）	（3）	（4）
	$CO_2\,perform$	codperform	sootperform	$SO_2\,perform$
bro2012	1.698*	1.305*	0.087**	0.044
	(0.907)	(0.775)	(0.037)	(0.027)

续表

变量	（1）	（2）	（3）	（4）
	CO_2 perform	codperform	sootperform	SO_2 perform
_cons	−0.641	−0.791***	−0.412***	−0.443***
	（0.963）	（0.184）	（0.094）	（0.097）
控制变量	Yes	Yes	Yes	Yes
企业固定效应	Yes	Yes	Yes	Yes
时间固定效应	Yes	Yes	Yes	Yes
观测值	6854	6854	6854	6854
R-squared	0.5260	0.5296	0.3478	0.3438

注：所有回归均聚类于行业层面，括号内为聚类标准误；*、**、*** 分别表示 10%、5% 和 1% 的显著性水平。

表 5.13 绿色企业组控制水污染防治行动计划政策效应

变量	（1）	（2）	（3）	（4）
	CO_2 perform	codperform	sootperform	SO_2 perform
gre2012	2.994**	0.849*	0.095**	0.067**
	（1.436）	（0.515）	（0.042）	（0.031）
_cons	6.839***	−0.105	−0.372***	−0.388***
	（1.165）	（0.163）	（0.108）	（0.113）
控制变量	Yes	Yes	Yes	Yes
企业固定效应	Yes	Yes	Yes	Yes
时间固定效应	Yes	Yes	Yes	Yes
观测值	6629	6859	6629	6629
R-squared	0.5162	0.1118	0.4090	0.4058

注：所有回归均聚类于行业层面，括号内为聚类标准误；*、**、*** 分别表示 10%、5% 和 1% 的显著性水平。

三、异质性讨论

区域绿色金融发展水平和行业特征以及行业竞争差异都可能会引起绿色信贷指引政策对棕色企业和绿色企业减污降碳绩效产生非对称效应，由于绿色信贷指引政策一直处于动态调整中，根据相关准则对不同类型的企业会采取差别化措施，具体来说，商业银行和企业会根据所处地区的金融发展环境、内外经济和环境制度约束、营商环境利好、行业竞争程度、自身行业优势等因素对主体行为策略做出最优选择，进而影响到不同层面的环境治理成效。因此本章将围绕在区域绿色金融发展水平异质性、行业要素密集度异质性、行业竞争度异质性的环境下绿色信贷指引政策对异质性企业的减污降碳绩效的影响效果进行进一步分析。

（1）区域绿色金融发展水平异质性

区域的绿色金融整体发展水平在一定程度上为绿色信贷指引政策的实施营造了良好的市场环境，绿色金融工具运用水平越高，越有助于多元均衡的绿色金融体系。从供给端来说，绿色金融水平较高的区域，在有效发挥传统金融产品作用的同时，也能引导更多的资金流向具有环境效益的领域。从需求端来说，该类地区企业利用绿色金融工具来提升减污降碳绩效具有地域优势，具体体现在绿色金融水平较高的地区，政府会为运用绿色金融工具的企业提供政策补贴，同时，国家发展改革委、证监会、银保监会等部门都为绿色金融工具的发行和使用提供了绿色通道，提升了绿色企业的融资效率。因此本章主要考察在绿色金融发展存在差异性的地区内，绿色信贷指引政策能否有效提升企业的减污降碳绩效。其中，绿色金融发展水平采用历年《中国地方绿色金融发展报告》中省级绿色金融指数指标以及其测算方式，具体包括绿色信贷、绿色保险、绿色债券、绿色投资、碳金融市场等主要绿色金融工具，其中绿色信贷指标的测算方式是环保项目信贷总额占全省信贷总额的比例；绿色保险指标采用环境污染责任保险收入占总保费收入的比重；绿色债券指标采用绿色债券发行总额占所有债券发行总额的比例，绿色基金指标采用绿色基金总市值占所有基金总市值的比例，碳金融市场发展指标采用省份碳交易市场交易总额取对数，五个指标均进行了标准化处理，统一了同绿色金融工具间的测算口径，同时按照中位数划分了高绿色金融发展水平区域和低绿色金融发展水平区域。绿色企业和棕色企业分别在异质性区域内进行回归分析，回归结果如表5.14和表5.15所示。

对于棕色企业来说，绿色信贷指引的实施使得碳排放绩效在高绿色金融发展水平的地区政策正向效应较为显著，此外，无论地区绿色金融发展水平处于何种状态，绿色信贷指引政策均会有效促进棕色企业的工业废水排放绩效和工业粉尘排放绩效，但是高水平地区的bro2012的回归系数要大于低水平地区。对于绿色企业来说，绿色信贷指引政策的实施对企业减污降碳绩效的提升效果均体现在高绿色金融发展水平地区，说明了当前绿色企业的可持续发展仍然需要有利的绿色金融环境作为基本条件，在绿色金融发展水平较低的区域，绿色信贷指引对绿色企业的政策效应仍然受到一定程度的制约。

表 5.14　棕色企业组绿色金融发展水平异质性检验

变量	(1)	(2)	(3)	(4)	(5)	(6)	(7)	(8)
	CO_2perform	CO_2perform	codperform	codperform	sootperform	sootperform	SO_2perform	SO_2perform
	low	high	low	high	low	high	low	high
bro2012	0.440	2.514*	0.194**	0.009**	0.188**	0.092**	−0.057	0.214
	(0.993)	(1.312)	(0.091)	(0.004)	(0.089)	(0.040)	(0.094)	(0.297)
_cons	10.910***	−29.835***	0.710	0.710	−0.159	0.070***	−0.196	0.039***
	(3.203)	(4.809)	(0.818)	(0.818)	(0.161)	(0.017)	(0.166)	(0.002)
控制变量	Yes	Yes	Yes	Yes	Yes	Yes	Yes	Yes
企业固定效应	Yes	Yes	Yes	Yes	Yes	Yes	Yes	Yes
时间固定效应	Yes	Yes	Yes	Yes	Yes	Yes	Yes	Yes
观测值	3777	3152	3152	3152	3913	3326	3913	3326
R-squared	0.5225	0.6357	0.5508	0.5508	0.3798	0.5098	0.3773	0.5098

注：所有回归均聚类于行业层面，括号内为聚类标准误；*、**、*** 分别表示10%、5%和1%的显著性水平。

表 5.15　绿色企业组绿色金融发展水平异质性检验

变量	(1)	(2)	(3)	(4)	(5)	(6)	(7)	(8)
	CO_2perform	CO_2perform	codperform	codperform	sootperform	sootperform	SO_2perform	SO_2perform
	low	high	low	high	low	high	low	high
gre2012	1.735	5.333*	0.353	2.225*	0.120	0.080*	0.116	0.007*
	(2.091)	(3.128)	(0.316)	(1.344)	(0.157)	(0.048)	(0.159)	(0.004)
_cons	2.512*	14.169**	−0.008	2.596***	−0.324***	0.173***	−0.368***	0.048***
	(1.330)	(5.898)	(0.206)	(0.651)	(0.116)	(0.022)	(0.120)	(0.002)
控制变量	Yes	Yes	Yes	Yes	Yes	Yes	Yes	Yes
企业固定效应	Yes	Yes	Yes	Yes	Yes	Yes	Yes	Yes
时间固定效应	Yes	Yes	Yes	Yes	Yes	Yes	Yes	Yes
观测值	3777	3151	3919	3323	3919	3323	3919	3323
R-squared	0.4878	0.5127	0.1214	0.1587	0.0736	0.1359	0.0736	0.1359

注：所有回归均聚类于行业层面，括号内为聚类标准误；*、**、*** 分别表示10%、5%和1%的显著性水平。

（2）行业要素密集度异质性

为检验绿色信贷指引政策对异质性行业要素密集度企业的影响程度，参考韩峰和阳立高（2020）对工业行业要素密集度的分类方法，将棕色企业和绿色企业按照行业分为技术密集型、资本密集型和劳动力密集型三类，表5.16至表5.19汇报了绿色信贷指引政策对不同的行业密集度的棕色企业组所产生的减污降碳绩效，政策对资本密集型行业棕色企业的碳排放绩效、工业粉尘排放绩效、工业 SO_2 排放绩效有一定的提升效果，但同时对劳动密集型行业的棕色企业主要污染物排放绩效产生了负向影响，可能的原因是处于劳动密集型行业的棕色企业，它们的特性是技术创新水平较低且低技能劳动力集中，当外界的环境规制强度较高时，该类企业生产成本相较于其他行业的成本更高，且绿色转型效率较低，尤其是当资金融通受到很大程度的约束时，为了避免未来企业运行受限的情况，会继续加重环境污染，不利于主要污染物排放的治理。

表5.16　棕色企业组碳减排政策效应行业要素密集度异质性检验

变量	(1)	(2)	(3)
	CO_2 perform	CO_2 perform	CO_2 perform
	资源密集型	劳动密集型	资本密集型
bro2012	−0.922	−0.058	2.200*
	(3.490)	(3.424)	(1.292)
_cons	−3.035	−15.526	−11.082**
	(5.435)	(9.971)	(4.365)
控制变量	Yes	Yes	Yes
企业固定效应	Yes	Yes	Yes
时间固定效应	Yes	Yes	Yes
观测值	820	747	2673
R-squared	0.5596	0.6105	0.6376

注：所有回归均聚类于行业层面，括号内为聚类标准误；*、**、***分别表示10%、5%和1%的显著性水平。

表 5.17　棕色企业组工业废水减排政策效应行业要素密集度异质性检验

变量	(1)	(2)	(3)
	codperform	codperform	codperform
	资源密集型	劳动密集型	资本密集型
bro2012	−0.035	−0.034*	0.802
	(0.306)	(0.018)	(0.639)
_cons	−1.084	0.097	−0.371
	(1.158)	(0.116)	(0.378)
控制变量	Yes	Yes	Yes
企业固定效应	Yes	Yes	Yes
时间固定效应	Yes	Yes	Yes
观测值	820	747	2673
R-squared	0.5128	0.8826	0.5698

注：所有回归均聚类于行业层面，括号内为聚类标准误；*、**、***分别表示10%、5%和1%的显著性水平。

表 5.18　棕色企业组工业粉尘减排政策效应行业要素密集度异质性检验

变量	(1)	(2)	(3)
	sootperform	sootperform	sootperform
	资源密集型	劳动密集型	资本密集型
bro2012	0.168	−0.001*	0.099**
	(0.147)	(0.001)	(0.040)
_cons	0.089	0.069***	−0.397
	(0.438)	(0.004)	(0.239)
控制变量	Yes	Yes	Yes
企业固定效应	Yes	Yes	Yes
时间固定效应	Yes	Yes	Yes
观测值	820	747	2673
R-squared	0.3340	0.8826	0.4585

注：所有回归均聚类于行业层面，括号内为聚类标准误；*、**、***分别表示10%、5%和1%的显著性水平。

表 5.19　棕色企业组工业 SO_2 减排政策效应行业要素密集度异质性检验

变量	（1）	（2）	（3）
	$SO_2 perform$	$SO_2 perform$	$SO_2 perform$
	资源密集型	劳动密集型	资本密集型
bro2012	0.160	−0.0001***	0.080*
	(0.174)	(0.000)	(0.043)
_cons	0.130	0.039***	−0.439*
	(0.427)	(0.000)	(0.241)
控制变量	Yes	Yes	Yes
企业固定效应	Yes	Yes	Yes
时间固定效应	Yes	Yes	Yes
观测值	820	747	2673
R−squared	0.3314	0.8834	0.4565

注：所有回归均聚类于行业层面，括号内为聚类标准误；*、**、*** 分别表示10%、5%和1%的显著性水平。

表 5.20 至表 5.23 汇报了绿色信贷指引政策对不同的行业密集度的绿色企业组所产生的减污降碳绩效，政策对资源密集型行业和资本密集型行业的绿色企业的碳排放绩效产生了正向影响，对处于资本密集型行业的绿色企业的工业废水排放绩效具有显著的提升效果，同时也对劳动密集型行业绿色企业的主要污染物的排放绩效产生促进效果，该结论说明了绿色信贷政策指引对不同行业绿色企业的减污降碳效果也存在一定的差异性，也为进一步指明绿色信贷投向和政策优化提供了参考。

表 5.20　绿色企业组碳减排政策效应行业要素密集度异质性检验

变量	（1）	（2）	（3）
	$CO_2 perform$	$CO_2 perform$	$CO_2 perform$
	资源密集型	劳动密集型	资本密集型
gre2012	66.698***	2.178	7.376***
	(15.344)	(3.555)	(2.442)
_cons	−1.338	1.098	2.936
	(5.340)	(3.390)	(3.446)
控制变量	Yes	Yes	Yes
企业固定效应	Yes	Yes	Yes

续表

变量	(1)	(2)	(3)
	CO_2perform	CO_2perform	CO_2perform
	资源密集型	劳动密集型	资本密集型
时间固定效应	Yes	Yes	Yes
观测值	820	747	2672
R-squared	0.5286	0.5723	0.5964

注：所有回归均聚类于行业层面，括号内为聚类标准误；*、**、*** 分别表示10%、5%和1%的显著性水平。

表 5.21　绿色企业组工业废水减排政策效应行业要素密集度异质性检验

变量	(1)	(2)	(3)
	codperform	codperform	codperform
	资源密集型	劳动密集型	资本密集型
gre2012	−2.479	0.064*	0.325*
	(3.159)	(0.035)	(0.167)
_cons	−1.073	0.088	−0.358
	(1.306)	(0.113)	(0.305)
控制变量	Yes	Yes	Yes
企业固定效应	Yes	Yes	Yes
时间固定效应	Yes	Yes	Yes
观测值	820	747	2672
R-squared	0.5129	0.8828	0.5690

注：所有回归均聚类于行业层面，括号内为聚类标准误；*、**、*** 分别表示10%、5%和1%的显著性水平。

表 5.22　绿色企业组工业粉尘减排政策效应行业要素密集度异质性检验

变量	(1)	(2)	(3)
	sootperform	sootperform	sootperform
	资源密集型	劳动密集型	资本密集型
gre2012	0.098	0.002*	−0.015
	(0.907)	(0.001)	(0.034)
_cons	0.132	0.069***	0.132
	(0.313)	(0.004)	(0.313)
控制变量	Yes	Yes	Yes

续表

变量	（1）	（2）	（3）
	sootperform	sootperform	sootperform
	资源密集型	劳动密集型	资本密集型
企业固定效应	Yes	Yes	Yes
时间固定效应	Yes	Yes	Yes
观测值	820	747	2672
R-squared	0.5129	0.8828	0.4586

注：所有回归均聚类于行业层面，括号内为聚类标准误；*、**、*** 分别表示 10%、5% 和 1% 的显著性水平。

表 5.23 绿色企业组工业 SO_2 减排政策效应行业要素密集度异质性检验

变量	（1）	（2）	（3）
	SO_2 perform	SO_2 perform	SO_2 perform
	资源密集型	劳动密集型	资本密集型
gre2012	0.012	0.0002*	−0.023
	(0.305)	(0.000)	(0.046)
_cons	−0.103	0.038***	−0.442*
	(0.115)	(0.000)	(0.247)
控制变量	Yes	Yes	Yes
企业固定效应	Yes	Yes	Yes
时间固定效应	Yes	Yes	Yes
观测值	835	747	2672
R-squared	0.1381	0.8828	0.4566

注：所有回归均聚类于行业层面，括号内为聚类标准误；*、**、*** 分别表示 10%、5% 和 1% 的显著性水平。

（3）行业竞争度异质性

异质性企业间的竞争效应决定了整个区域在地方间的行业竞争优势，当政府引导激励某一行业发展时，市场机制会在"优胜劣汰"的法则下，将生产效率低下的企业逐出市场，使生产要素和资源得到合理分配，良性竞争的结果可以实现行业发展水平的整体提升，当行业间的竞争程度较低时，一些垄断企业利用自身的绝对优势，以较低的成本获取资金支持，一些缺乏竞争优势的行业，信息不对称以及信贷配置扭曲的程度更为严重，绿色信贷指引政策促进企业减污降碳绩效的政策效应可能在竞争程度更高的环境中更明显。

为了进一步厘清行业竞争度差异对绿色信贷指引提升异质性企业减污降碳绩效的影响，参照以往文献（宋敏等，2021）的研究方法，使用行业主营业务利润率的标准差（HHI 指数）来测度行业竞争程度，HHI 指数越高，说明市场竞争程度越低，反之则相反。按照指数中位数大小将样本分为竞争程度高和竞争程度低两组。回归结果如表 5.24 和表 5.25 所示，在棕色企业中，绿色信贷指引政策的实施对低竞争程度企业的碳排放绩效和工业粉尘排放绩效有一定的提升效果，对高竞争程度企业的工业粉尘排放有更大的政策效应，且对二氧化硫排放绩效有一定的提升效果。在绿色企业中，绿色信贷指引政策的实施对两种竞争程度的企业的二氧化碳排放绩效均有提升效果，但是在低竞争程度的效果更好，同时对高竞争程度行业企业的工业废水和工业二氧化硫的排放绩效有正向影响。这个结果表明了绿色信贷指引政策提升减污降碳绩效的效果在高竞争程度行业中更为明显，说明当企业在高竞争过程中具有一定的环境治理优势，在绿色信贷的支持下，不仅能够缓解竞争过程中的信息不对称和资源扭曲问题，同时相较于其他没有环境治理优势的企业来说，其获得资金的渠道更加多元丰富，国家的优惠补贴力度更大，其环境治理效果更好，企业逐渐转入了可持续发展的道路。

表 5.24　棕色企业组减污降碳绩效行业竞争度异质性检验

变量	(1) CO_2 perform	(2) CO_2 perform	(3) codperform	(4) codperform	(5) sootperform	(6) sootperform	(7) SO_2 perform	(8) SO_2 perform
	low	high	low	high	low	high	low	high
bro2012	1.738**	1.451	0.897	0.918	0.109*	0.123*	0.075	0.082*
	(0.723)	(1.147)	(0.741)	(0.976)	(0.053)	(0.066)	(0.058)	(0.043)
_cons	1.309	0.420	−0.483	−0.520**	−0.454**	−1.313	−0.312**	−0.390**
	(1.415)	(1.647)	(0.383)	(0.219)	(0.177)	(1.307)	(0.113)	(0.184)
控制变量	Yes	Yes	Yes	Yes	Yes	Yes	Yes	Yes
企业固定效应	Yes	Yes	Yes	Yes	Yes	Yes	Yes	Yes
时间固定效应	Yes	Yes	Yes	Yes	Yes	Yes	Yes	Yes
观测值	3332	3874	3332	3874	3332	3874	3332	3874
R-squared	0.4652	0.4426	0.5768	0.5558	0.4020	0.3637	0.0386	0.3761

注：所有回归均聚类于行业层面，括号内为聚类标准误；*、**、*** 分别表示 10%、5% 和 1% 的显著性水平。

表 5.25　绿色企业组减污降碳绩效行业竞争度异质性检验

变量	(1) CO_2perform low	(2) CO_2perform high	(3) codperform low	(4) codperform high	(5) sootperform low	(6) sootperform high	(7) SO_2perform low	(8) SO_2perform high
gre2012	10.470***	3.726*	-0.097	1.262**	-0.014	0.102	-0.001	0.093**
	(2.155)	(1.975)	(0.383)	(0.621)	(0.054)	(0.129)	(0.048)	(0.040)
_cons	10.380***	1.973	0.450*	0.465	-0.111	-0.250*	-0.127	0.030
	(2.701)	(2.569)	(0.257)	(0.361)	(0.083)	(0.133)	(0.089)	(0.022)
控制变量	Yes	Yes	Yes	Yes	Yes	Yes	Yes	Yes
企业固定效应	Yes	Yes	Yes	Yes	Yes	Yes	Yes	Yes
时间固定效应	Yes	Yes	Yes	Yes	Yes	Yes	Yes	Yes
观测值	3046	4196	3046	4196	3046	4196	3046	4196
R-squared	0.5641	0.5641	0.0670	0.1202	0.0275	0.0546	0.0390	0.3498

注：所有回归均聚类于行业层面，括号内为聚类标准误；*、**、***分别表示10%、5%和1%的显著性水平。

四、企业数字化转型的调节效应

本章通过构造调节效应模型来考察企业数字化转型对绿色信贷指引政策的减污降碳效应的调节效果，模型设定如下：

$$PCR_{it} = \alpha_0 + \alpha_1 Gci_{it} \times Dig_{it} + \beta_1 Gci_{it} + \beta_2 Test_{it} + \beta_3 X_{ict} + \beta_4 Dig_{it}$$
$$+ \mu_i + \lambda_t + \varepsilon_{ict} \tag{5.2}$$

其中，下标所指代对象和相关变量解释与模型（5.1）相近，新引入的变量 Dig_{it} 表示的是企业的数字化转型程度。本部分重点关注核心变量是 $Gci_{it} \times Dig_{it}$，该变量的系数 α_1 表示企业数字化转型对绿色信贷指引政策与异质性企业减污降碳关系间的调节效应。本书通过借鉴吴非等（2021）的研究，对上市公司年报有关企业数字化转型的词频统计，来度量企业数字化转型程度。具体处理方法如下：首先，通过 Python 对上市公司年报里的相关内容进行爬取，然后基于 Jieba 中文分词功能对年报进行分词处理和词频统计，从大数据及其应用、互联网及其商业模式、人工智能及其应用、云计算及其应用和现代信息系统五个方面提取出与企业数字化转型相关的高频词汇。其次，进一步缩小关键词范围。基于上述步骤形成的词汇从上市公司总样本中提取其前后文本，并寻找出现频率较高的文本组合。在此基础上，进一步根据近年《上市公司数字化转型发展报告》和《政府工作报告》等重要政策文件和研究报告作为借鉴，将互联网、物联网、云计算、信息技术、数字化、人工智能和大数据等数字技术应用词汇纳入特征词，扩充数字化转型的词库。最后，对所有样本进行分词处理，将上述关键词的披露次数进行统计得到上市公司数字化转型的指标，并将其加 1 后进行对数化处理。

表 5.26 和表 5.27 汇报了企业数字化转型调节效应的估计结果。结果表明，不管是棕色企业还是绿色企业，关键解释变量 Dig 的企业数字化转型程度均会影响绿色信贷指引政策对企业减污降碳绩效的正向效果，本书的研究假说 6 得到论证。同时，从表 5.26 中可以发现，对于棕色企业的碳排放绩效来说，当数字化转型程度越高时，绿色信贷指引政策对碳排放绩效的提升效应就越强，但是对主要污染物的减污降碳绩效的提升作用主要反映在 50%分位数水平的数字化转型程度的企业，说明了当棕色企业数字化转型到初级发展水平时，企业在数字化转型的投资可能未形成一定规模，不会挤占用于污染治理的相关费用，在这样的环境中有利于促进棕色企业在绿色转型初期的环境治理成效。表 5.27 的结果显示，关键解释变量 Dig×gre2012 只对工业粉尘排放绩效影响的系数值为正，说明了在绿色信贷发展阶段，绿色企业在优化和提升数字化技术水平的过程中，有利于绿色信贷指引政策对其工业粉尘排放绩效的正向影响，而与棕色企业不同的是，绿色企业的减污降碳绩效的提升作用主要反映在 75%分位数和 90%分位数数字化转型水平，这是因为绿色企业的减污降碳绩效的提升很大程度上取决于绿色技术创新，当绿色企业的数字化转型程度达到一定水平时，企业可以利用其数字技术和信息挖掘优势赋能企业绿色技术创新增质提量，进而有效巩固环境治理成效。

表 5.26　棕色企业组数字化转型的调节效应

变量	(1)	(2)	(3)	(4)
	CO_2 perform	codperform	sootperform	SO_2 perform
bro2012	2.078*	0.959**	0.095**	0.056*
	(1.106)	(0.440)	(0.038)	(0.030)
Dig×bro2012	1.937*	0.486*	0.004**	0.004**
	(1.046)	(0.292)	(0.002)	(0.002)
调节边际效应				
50%分位数	2.026*	0.892*	0.068*	0.051*
	(1.163)	(0.426)	(0.036)	(0.029)

续表

变量	（1） CO_2perform	（2） codperform	（3） sootperform	（4） SO_2perform
75%分位数	3.398* (1.902)	0.840* (0.461)	0.0469 (0.040)	0.030 (0.029)
90%分位数	3.484* (1.963)	0.836* (0.465)	0.0456 (0.040)	-0.016 (0.051)
_cons	-11.091*** (2.585)	-0.501 (0.471)	-0.429*** (0.104)	-0.471*** (0.107)
控制变量	Yes	Yes	Yes	Yes
企业固定效应	Yes	Yes	Yes	Yes
时间固定效应	Yes	Yes	Yes	Yes
观测值	6690	6690	6914	6914
R-squared	0.5748	0.5745	0.3395	0.3359

注：所有回归均聚类于行业层面，括号内为聚类标准误；*、**、*** 分别表示10%、5%和1%的显著性水平。

表5.27　绿色企业组数字化转型的调节效应

变量	（1） CO_2perform	（2） codperform	（3） sootperform	（4） SO_2perform
gre2012	1.907* (0.983)	1.021* (0.527)	0.127** (0.062)	0.122* (0.061)
Dig×gre2012	0.687 (0.733)	0.331 (0.283)	0.050* (0.030)	-0.012 (0.020)
调节边际效应				
50%分位数	2.661* (1.355)	1.384* (0.741)	0.181** (0.082)	0.109* (0.057)
75%分位数	3.244* (1.841)	1.664* (0.943)	0.224** (0.102)	0.099* (0.059)
90%分位数	3.891 (2.455)	1.976* (1.185)	0.270** (0.126)	0.088 (0.067)
_cons	-11.201*** (3.243)	0.461** (0.201)	-0.119 (0.098)	-0.175* (0.102)
控制变量	Yes	Yes	Yes	Yes

变量	（1）	（2）	（3）	（4）
	$CO_2perform$	codperform	sootperform	$SO_2perform$
企业固定效应	Yes	Yes	Yes	Yes
时间固定效应	Yes	Yes	Yes	Yes
观测值	6689	6919	6919	6919
R-squared	0.5745	0.1129	0.0556	0.0568

注：所有回归均聚类于行业层面，括号内为聚类标准误；*、**、***分别表示10%、5%和1%的显著性水平。

五、金融资源配置效应

根据前文的理论和文献分析发现，由于绿色信贷金融工具本身具备资源配置功能，除了体现在银行对棕色企业和绿色企业间的信贷资源分配，还间接影响到异质性企业内部金融资源的配置效应，进而将政策效应集中体现到企业的减污降碳表现，所以，企业对金融资源的直接配置和间接配置是两个可能的影响机制。本书参考江艇（2022）的研究方法，直接用核心解释变量对机制变量进行回归，构建了下面的机制检验模型（5.3），来分析绿色信贷指引政策对企业减污降碳绩效可能的影响机制，其中 $Mech_{it}$ 为本章的一系列机制变量。

$$Mech_{it} = \alpha_0 + \beta_1 Gci_{it} + \beta_2 Test_{it} + \beta_3 X_{ict} + \mu_i + \lambda_t + \varepsilon_{ict} \quad (5.3)$$

根据前文分析，相比于棕色企业，绿色企业由于短期盈利效果欠佳，经营风险相对较大，收益回报率较低等特征，导致其间接融资受到一定的限制，在生产和经营过程中的资金运转来源主要还是以银行的信贷支持为主要来源之一，所以，绿色信贷政策指引会通过影响绿色企业对金融资源的直接配置效应，进而来提升绿色企业的减污降碳绩效。而对于棕色企业来说，尽管绿色信贷政策的实施可能会造成棕色企业债务资金来源受限，但棕色企业可能会通过增加商业信用规模来保障企业可持续发展的资金需求，通过对商业信用融资方式获得的资金进行合理配置，也就是通过金融资源的间接配置效应，矫正棕色企业内部金融资源的扭曲配置以期缓解自身的信贷约束。所以，本书借鉴王艳丽等（2021）对金融资源配置的直接效应测算方式，采用债务的期限结构即长期债务占总负债比例来表示，对金融资源的间接配置效应的衡量采用陈幸幸等（2019）的测算方式，用商业信用总额与资产总额的比值来表示。数据来源为 Wind 数据库。将这两个机制变量引入模型（5.3）

中进行回归，回归结果如表 5.28 所示，从第（1）~（2）列的结果可以看出棕色企业的关键解释变量的间接配置效应的系数显著为正，直接配置效应不显著，说明了绿色信贷指引政策通过金融资源的间接配置效应的正向作用来深化其对棕色企业减污降碳绩效的政策效果，该结论验证了假说 3a，同时第（3）~（4）列的结果可以得出绿色企业的关键解释变量的直接配置效应的系数显著为正，间接配置效应不显著，说明了绿色信贷指引政策通过金融资源的直接配置效应的正向作用来深化其对绿色企业减污降碳绩效的政策效果，该结论验证了假说 3b。由此可见，绿色信贷指引政策可以通过金融资源的配置效应来影响企业的减污降碳绩效。

表 5.28　金融资源配置的机制检验结果

变量	（1）	（2）	（3）	（4）
	Debts （直接配置效应）	Commstand （间接配置效应）	Debts （直接配置效应）	Commstand （间接配置效应）
bro2012	−0.143 (0.121)	0.564* (0.320)		
gre2012			0.311* (0.176)	0.146 (0.313)
_cons	0.406 (0.268)	8.538 (7.486)	0.004 (0.065)	0.299 (0.429)
控制变量	Yes	Yes	Yes	Yes
企业固定效应	Yes	Yes	Yes	Yes
时间固定效应	Yes	Yes	Yes	Yes
观测值	7445	9146	6443	5727
R−squared	0.4381	0.0482	0.7074	0.2471

注：所有回归均聚类于行业层面，括号内为聚类标准误；*、**、*** 分别表示 10%、5% 和 1% 的显著性水平。

六、绿色技术创新溢出效应

根据前文的知识溢出理论分析和文献梳理可以得出，企业间的技术溢出效应作为知识溢出效应的主要表现之一，当企业面临内外环境治理压力以及供应链过程中的绿色需求时，当自身绿色技术不具备相对优势的情况下，会通过观察和学习行业内和行业间的绿色技术示范效应较强的其他企业，获取能减少绿色技术创新成本的相关信息，通过引进同行业企业或者行业间相关企业的绿色高技能劳动力和技术，来引导和加速自身的绿色技术升级。绿色信贷指引政策的实施目的之一就是通过为绿色技术创新项目缓解融资约束，来强化企业绿色技术创新对减污降碳绩效的关键提升作用。鉴于企业接受的位于同一城市内的企业的技术溢出效应要大于相邻城市间企业的技术溢出效应（沈坤荣等，2023），所以，本章主要讨论同一城市内异质性企业绿色技术在行业间和行业内溢出效应。其中，本章对绿色技术溢出效应的识别方法，结合了涂心语和严晓玲（2022）和杨金玉等（2022）的衡量标准和测算方式，具体如下：

首先，需要测算知识资本，因为企业的研发投入也属于一种研发投资行为，主要作为测算绿色技术溢出效应的潜在影响，通过永续盘存法来计算知识资本。即企业 t 期的知识资本 K_t 为：

$$K_t = R_{t-1} + (1 - \delta)K_{t-1} \tag{5.4}$$

其中，R_{t-1} 代表企业在第 $t-1$ 期的研发投入，δ 为折旧率，设定为15%。接下来需要对研发投入进行价格平减，平减指数用《中国科技统计年鉴2019》的研发经费内部支出可比价增长率。其中基期知识资本 K_0 的计算公式如下：

$$K_0 = \frac{R_0}{g + \delta} \tag{5.5}$$

其中，R_0 为基期企业的实际研发投入，g 为样本期内企业研发投入的平均增长率。

则企业 i 在 t 期的绿色技术溢出效应为：

$$K_{it}^{grtecspill} = \sum_{j \neq i} \omega_{ijt}^{grtecspill} K_{jt} \tag{5.6}$$

其中，当测算企业在行业内的绿色技术溢出效应时，K_{jt} 表示除企业 i 之外的其他同行业企业的知识资本，$\omega_{ijt}^{grtecspill}$ 表示 t 期企业 i 与同行业的企业 j 在技术空间中的距离，计算方法如下：

$$\omega_{ijt}^{grtecspill} = \frac{F_{it}F_{jt}}{\sqrt{F_{it}}\sqrt{F_{jt}}} = \frac{\sum_{e=1}^{E} f_{it,e} f_{jt,e}}{\sqrt{\sum_{e=1}^{E} f_{it,e}^2 f_{jt,e}^2}} \tag{5.7}$$

其中，F_{it} 表示 t 期企业 i 在技术空间中的位置向量，E 为同行业内样本的有效绿色专利引用数，$f_{it,e}$ 为第 t 期企业有效绿色专利引用数与同行业内所有有效绿色专利引用数存量之比，$f_{jt,e}$ 表示第 t 期除 i 企业外同行业内其他企业所有有效绿色专利与行业内所有有效绿色专利引用数存量之比，$\omega_{ijt}^{grtecspill}$ 取值范围

为 [0, 1]，该值越接近于 1 表明企业间的技术距离越近。$K_{it}^{grtecspill}$ 越大，表示企业 i 在同行业内的绿色技术溢出效应越强。行业间的绿色技术溢出效应测算方式与同行业内较为相似，唯一的变动是 E 为样本的有效绿色专利引用数，表示所有行业企业全部年份授权的绿色发明专利与绿色实用新型专利三年内被引用总次数之和。有研究指出使用专利引用数据是最为直接、客观地观察企业间知识流动和知识来源的渠道（易巍等，2021），这也为本书使用专利引用和被引用来度量企业获取客户知识的方式奠定了较好的基础。鉴于此，本书使用企业被引用的授权专利数量来度量溢出的绿色专利，同时采用授权的绿色专利，绿色技术溢出的出发点在于考虑到了绿色技术创新的质量。

通过将测算的企业在行业内和行业间的绿色技术溢出效应代入机制检验模型（5.3）中，表 5.29 汇报了绿色信贷指引政策是否促进了棕色企业在行业内和行业间的绿色技术溢出效应。结果显示，绿色信贷指引政策有效促进了棕色企业在行业间的绿色技术溢出效应，促进了绿色企业在行业内和行业间的绿色技术溢出效应，其中，对同行业内的绿色技术溢出效应的正向影响更大。该结果说明了绿色信贷指引政策通过促进企业在行业间和行业内的绿色技术溢出效应来提升绿色技术创新水平，进而深化企业的减污降碳绩效，该结论验证了研究假说 7。出现这种现象的原因是棕色企业行业内部的绿色技术水平未达到行业集聚水平，受限于企业自身的知识存量，其绿色技术水平的溢出影响主要是供应链间的也就是行业间的绿色低碳业务的承包和"购买"绿色专利来提升自身的绿色技术创新水平（袁礼和周正，2022）。同时也说明了绿色信贷指引政策能够激发绿色企业的绿色技术效应，强化了其作为技术交易市场中生产者和供给方的地位，满足了行业内和行业间异质性企业对绿色技术的需求，深化了高质量绿色专利资源的有效配置的影响，绿色信贷指引政策也有效促进了棕色企业在行业间的绿色技术溢出效应，通过有效引导其绿色转型来不断增加其绿色专利交易的动机，在自身绿色技术创新能力不足时，通过引进与其他关联行业以及技术距离接近行业企业的相对成熟的绿色技术来满足生产和减排需求，将金融市场的引导作用传递到技术要素市场进而来有效发挥技术进步对企业减污降碳绩效的引擎作用。

表 5.29　绿色技术溢出效应的机制检验结果

变量	(1)	(2)	(3)	(4)
	棕色企业组		绿色企业组	
	行业内	行业间	行业内	行业间
	grespillover	grespillover	grespillover	grespillover
bro2012	−0.050	0.111*		
	(0.046)	(0.061)		
gre2012			0.042***	0.026**
			(0.008)	(0.011)
_cons	0.048	0.021	0.051	0.019
	(0.103)	(0.137)	(0.099)	(0.134)
控制变量	Yes	Yes	Yes	Yes
企业固定效应	Yes	Yes	Yes	Yes
时间固定效应	Yes	Yes	Yes	Yes
观测值	2315	1955	2315	1955
R-squared	0.8068	0.6563	0.8070	0.6563

注：所有回归均聚类于行业层面，括号内为聚类标准误；*、**、***分别表示10%、5%和1%的显著性水平。

七、环境监管的门槛效应

为了考察不同程度的环境监管程度下绿色信贷指引政策对减污降碳绩效的非线性影响，结合本书研究假说和相关变量的设计，本书分别对棕色企业和绿色企业设定了如下门槛效应模型：

$$PCR_{it} = \rho_0 + \rho_1 Gci_{it} \times Piti(Piti_{ct} \leq \theta) + \rho_2 Gci_{it} \times Piti(Piti_{ct} > \theta) + \rho_3 Test_{it}$$
$$+ \rho_4 X_{ict} + \mu_i + \lambda_t + \varepsilon_{ict} \tag{5.8}$$

其中，门槛变量为城市环境信息公开程度的污染源监管信息公开指数（PITI指数），该指数来自公众环境研究中心（IPE）发布的年度调查报告，该项调查从2008年开始对113个城市的环境信息公开质量进行系统评估，该指数代表了政府和公众的环境监管水平，也反映了地区的环境信息披露程度（祝树金等，2022）。模型（5.8）考虑的是单门槛情形，可根据样本数据的计量检验等步骤扩充至多门槛情形，本章不再详细赘述。

在估计门槛模型之前，为避免因数据不平稳而产生伪回归的情况，将本章相关样本的面板数据进行了单位根检验，估计结果如表5.30所示，说明所有变量均在合理的显著性水平下拒绝单位根的存在，可以进行下一步门槛模型的回归。

表 5.30　面板数据单位根检验结果

变量	LLC 检验结果
CO_2 perform	-46.25^{***}
codperform	-52.73^{***}
sootperform	-17.54^{***}
SO_2 perform	-2.12^{**}
bro2012	-51.53^{***}
gre2012	-11.86^{***}
roa	-42.98^{**}
lev	-42.96^{*}
shrcr	-19.79^{**}
TCFT	-59.06^{**}
ROE	-36.60^{*}
growth	-0.014^{**}
inveffft	-26.81^{**}
mortage	-41.11^{*}
lnpgreenland	-39.27^{***}
urban	-32.13^{***}
lnfdi	-94.23^{***}
lngong	-95.45^{***}
enregulatian	-68.65^{***}
efinct	-71.76^{***}
second	-24.16^{***}
lnpgdp	-42.74^{***}

本章基于 Hansen（1999）的方法进行了面板门槛存在性检验。经过 Bootstrap 检验法反复抽样 500 次后得到表 5.31 的结果，结果表明绿色信贷指引政策对棕色企业碳排放绩效影响的过程中，环境监管水平存在一个门槛值，而对主要污染排放物均存在双门槛值，绿色信贷指引政策对绿色企业减污降碳绩效的影响过程中，环境监管水平均存在两个门槛值，其中，两类企业环境监管水平的门槛值的 P 估计值均在 5% 水平上显著。

表 5.31 棕色企业和绿色企业政策效应门槛值与自抽样检验结果

分类	因变量	假设检验	门槛值	P 值	RSS	MSE	95%置信区间
棕色企业	CO_2perform	单门槛检验	55.80	0.000	0.537	1.886	(55.70, 56.00)
		双门槛检验	66.80	0.333	0.536	1.885	(67.60, 69.00)
	codperform	单门槛检验	57.10	0.000	84.701	0.0298	(56.00, 57.20)
		双门槛检验	57.50	0.000	83.928	0.0295	(38.90, 57.60)
	sootperform	单门槛检验	47.60	0.000	11.794	0.0041	(47.10, 48.50)
		双门槛检验	47.90	0.000	11.772	0.0041	(46.40, 48.00)
	SO_2perform	单门槛检验	65.60	0.000	12.421	0.0044	(65.50, 65.70)
		双门槛检验	66.40	0.000	12.397	0.0044	(65.90, 66.50)
绿色企业	CO_2perform	单门槛检验	74.40	0.000	0.540	1.900	(73.30, 74.50)
		双门槛检验	74.50	0.000	0.520	1.843	(74.40, 74.60)
	codperform	单门槛检验	47.60	0.000	8.468	0.0297	(47.10, 48.70)
		双门槛检验	47.90	0.000	8.459	0.0297	(46.40, 48.00)
	sootperform	单门槛检验	47.90	0.000	11.759	0.0041	(47.80, 48.00)
		双门槛检验	36.40	0.000	11.705	0.0041	(35.70, 36.50)
	SO_2perform	单门槛检验	36.20	0.000	12.384	0.0044	(35.70, 36.50)
		双门槛检验	38.20	0.000	12.340	0.0043	(33.40, 38.30)

在基于以上检验结果的基础上，本书在对设定的门槛效应模型对棕色企业组进行回归，表 5.32 汇报了回归结果，结果显示：对于棕色企业来说，当环境监管指数低于 55.8 时，绿色信贷指引政策对棕色企业碳排放绩效存在削弱的影响，当环境监管指数高于 55.8 时，绿色信贷指引政策的实施有利于棕色企业提升碳排放绩效；当环境监管指数低于 57.1 时，绿色信贷政策的实施对企业的工业废水排放绩效没有显著的政策影响，当环境监管指数处于 57.1~57.5 时，绿色信贷指引政策对企业工业废水排放绩效的影响系数提高到 5.949，且在 1%的水平上显著，当环境监管指数高于 57.5 时，绿色信贷指引政策的实施效果不显著；当环境监管指数低于 47.6 或者处于 47.6~47.9 时，绿色信贷指引政策对企业工业粉尘排放绩效的影响显著为负，当环境监管指数大于 47.9 时，绿色信贷指引政策对工业粉尘排放绩效的促进作用十分显著；当环境监管指数处于 65.6~66.4 时，绿色信贷指引政策对工业 SO_2 排放绩效的正向影响作用较为显著，但低于该区间的最低值或高于该区间的最高值时，无法发挥出政策对工业 SO_2 排放绩效的影响效果。同时，本章绘制了棕色企业的环境监管水平的门槛估计值在 95%置信区间下的 LR 图，其

中，LR 统计量最低点为对应的真实门槛值，根据图 5.11 的结果，可以看出不同情况下的环境监管指数临界值均位于门槛值下方，由此判定出各门槛值真实有效。综上所述，在棕色企业层面，当地方环境污染源监管水平处于合理区间时，绿色信贷政策的实施可以有效提高棕色企业的减污降碳绩效水平。验证了本书的研究假说 5。

表 5.32　绿色信贷政策影响棕色企业减污降碳绩效门槛模型的回归结果

变量		(1)	(2)	(3)	(4)
		CO_2perform	codperform	sootperform	SO_2perform
		棕色企业			
门槛变量（piti）	Th1	55.80	57.10	47.60	65.60
	Th2		57.50	47.90	66.40
brown×piti（piti≤55.80）		−1.644 ***			
		(0.442)			
brown×piti（piti>55.80）		3.940 ***			
		(0.569)			
brown×piti（piti≤57.10）			0.009		
			(0.055)		
brown×piti（57.10<piti<57.50）			5.949 ***		
			(0.470)		
brown×piti（piti≥57.50）			−0.084		
			(0.058)		
brown×piti（piti≤47.60）				−0.092 ***	
				(0.028)	
brown×piti（47.60<piti<47.90）				−0.196 ***	
				(0.059)	
brown×piti（piti≥47.90）				0.044 **	
				(0.019)	
brown×piti（piti≤65.60）					−0.032 *
					(0.019)
brown×piti（65.60<piti<66.40）					0.603 ***
					(0.081)
brown×piti（piti≥66.40）					−0.022
					(0.027)

续表

变量	(1)	(2)	(3)	(4)
	$CO_2perform$	codperform	sootperform	$SO_2perform$
	棕色企业			
_cons	0.048	0.021	0.051	0.019
	(0.103)	(0.137)	(0.099)	(0.134)
控制变量	Yes	Yes	Yes	Yes
企业固定效应	Yes	Yes	Yes	Yes
时间固定效应	Yes	Yes	Yes	Yes
观测值	6213	6213	6213	6213
R-squared	0.8068	0.6563	0.8070	0.6563

注：所有回归均聚类于行业层面，括号内为聚类标准误；*、**、*** 分别表示 10%、5% 和 1% 的显著性水平。

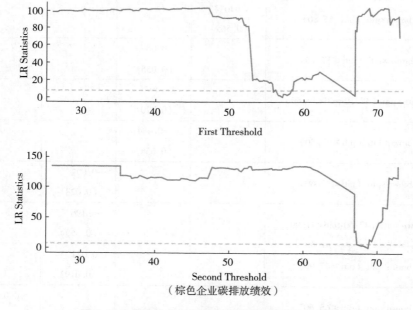

图 5.11 棕色企业门槛估计值与置信区间 LR 图

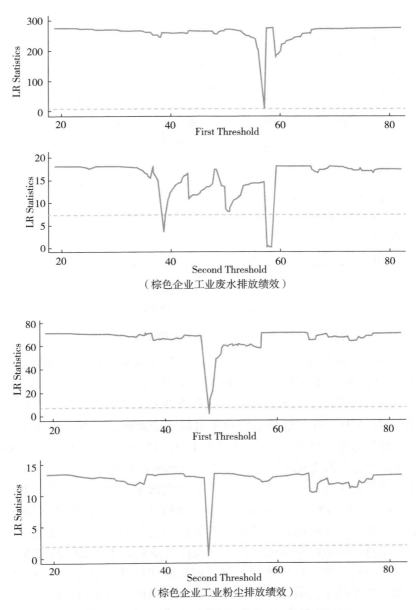

（棕色企业工业废水排放绩效）

（棕色企业工业粉尘排放绩效）

图 5.11　棕色企业门槛估计值与置信区间 LR 图 （续）

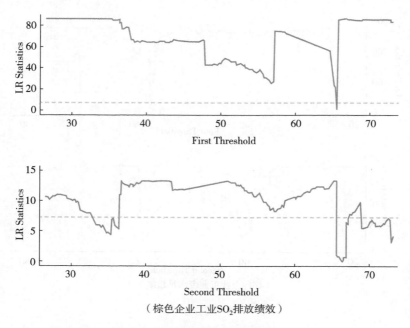

（棕色企业工业SO₂排放绩效）

图5.11　棕色企业门槛估计值与置信区间 LR 图（续）

对于绿色企业来说，当环境监管指数低于 74.4 时，绿色信贷指引政策对绿色企业碳排放绩效不存在显著影响，当环境监管指数处于 74.4 ~ 74.5 时，绿色信贷指引政策的实施有利于绿色企业提升碳排放绩效，当环境监管指数大于 74.5 时，绿色信贷指引政策对绿色企业碳排放绩效存在着抑制影响；当环境监管指数低于 47.6 或者处于 47.6~47.9 时，绿色信贷指引政策对企业工业废水排放绩效的影响显著为正，当环境监管指数大于 47.9 时，绿色信贷指引政策对工业粉尘排放绩效没有显示出政策效果；当环境监管指数处于 36.4~47.9 时，绿色信贷指引政策对工业粉尘排放绩效的正向影响作用较为显著，但低于该区间的最低值或高于该区间的最高值时，无法发挥出政策对工业粉尘排放绩效的影响效果；当环境监管指数处于 36.2~38.2 时，绿色信贷指引政策对工业 SO₂ 排放绩效的正向影响作用较为显著，但低于该区间的最低值时政策的正向效果不显著，且高于区间的最大值时，绿色信贷指引政策的实施会在一定程度上带来对绿色企业工业 SO₂ 排放绩效的负向影响，同时，本章绘制了绿色企业的环境监管水平的门槛估计值在 95% 置信区间下的 LR 图，其中，LR 统计量最低点为对应的真实门槛值，根据图 5.12 的结果，可以看出不同情况下的环境监管指数临界值均位于门槛值下方，由此判定出各门槛值真实有效。所以，在绿色企业层面，当地方环境污染源监管水平处于合理区间时，绿色信贷政策的实施可以有效提高绿色企业的减污降碳绩效水平。验证了本书的研究假说 5。

表 5.33　绿色信贷政策影响绿色企业减污降碳绩效门槛模型的回归结果

变量		（1） $CO_2 perform$	（2） codperform	（3） sootperform	（4） $SO_2 perform$
		绿色企业			
门槛变量（piti）	Th1	74.40	47.60	36.40	36.20
	Th2	74.50	47.90	47.90	38.20
green×piti（piti≤74.40）		0.0002 (0.002)			
green×piti（74.40<piti<74.50）		0.133*** (0.048)			
green×piti（piti>74.50）		−0.027*** (0.003)			
green×piti（piti≤47.60）			0.0007** (0.0003)		
green×piti（47.60<piti<47.90）			0.0018*** (0.0005)		
green×piti（piti≥47.90）			−0.00003 (0.0002)		
green×piti（piti≤36.40）				0.0001 (0.001)	
green×piti（36.40<piti<47.90）				0.002*** (0.0002)	
green×piti（piti≥47.90）				−0.0002* (0.0001)	
green×piti（piti≤36.20）					−0.0001 (0.001)
green×piti（36.20<piti<38.20）					0.002*** (0.0002)
green×piti（piti≥38.20）					−0.0002** (0.0001)

续表

变量	（1）	（2）	（3）	（4）
	CO_2perform	codperform	sootperform	SO_2perform
	绿色企业			
_cons	0.048	0.021	0.051	0.019
	(0.103)	(0.137)	(0.099)	(0.134)
控制变量	Yes	Yes	Yes	Yes
企业固定效应	Yes	Yes	Yes	Yes
时间固定效应	Yes	Yes	Yes	Yes
观测值	6213	6213	6213	6213
R-squared	0.8068	0.6563	0.8070	0.6563

注：所有回归均聚类于行业层面，括号内为聚类标准误；*、**、***分别表示10%、5%和1%的显著性水平。

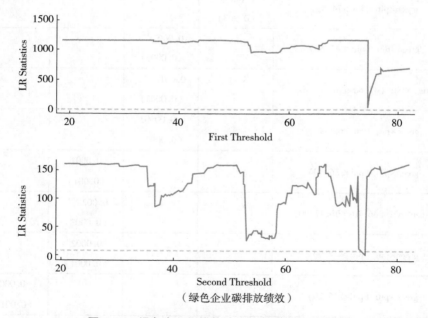

（绿色企业碳排放绩效）

图 5.12　绿色企业门槛估计值与置信区间 LR 图

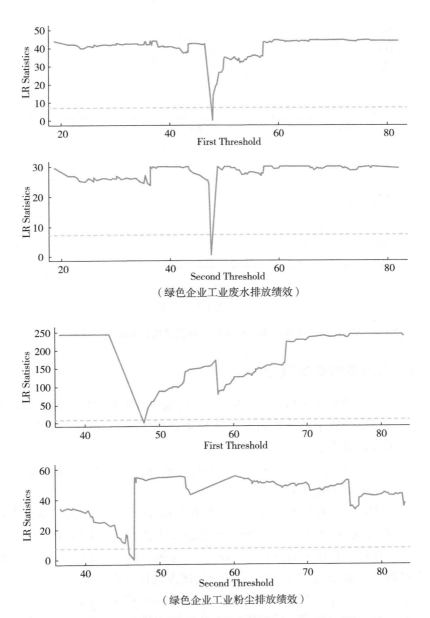

（绿色企业工业废水排放绩效）

（绿色企业工业粉尘排放绩效）

图 5.12　绿色企业门槛估计值与置信区间 LR 图（续）

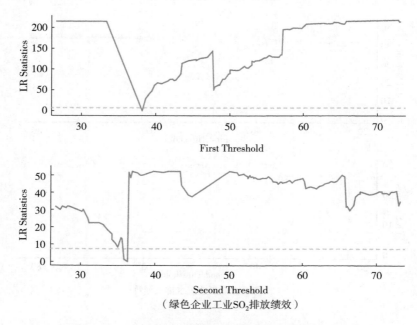

（绿色企业工业SO₂排放绩效）

图5.12 绿色企业门槛估计值与置信区间 LR 图（续）

八、同质政策叠加效应

本章通过构造类似于模型（4.5）的三重差分模型来考察其他同期且同性质政策与绿色信贷指引政策的组合实施对企业减污降碳绩效的协同下的叠加效果，模型设定如下：

$$PCR_{it} = \alpha_0 + \alpha_1 Gci_{it} \times Treat_{ct} + \beta_1 Gci_{it} + \beta_2 Test_{it} + \beta_3 X_{ict} + \beta_4 Treat_{ct}$$
$$+ \mu_i + \lambda_t + \varepsilon_{ict} \tag{5.9}$$

其中，下标所指代对象和相关变量解释与模型（4.1）相近，新引入的变量 $Treat_{ct}$ 表示在 2012 年后是否为绿色金融试点所在地区的企业，浙江、江西、广东、贵州、新疆五省（区）的九个市（州、区）获批建立绿色金融改革创新试验区，或 2012 年后是否为碳交易试点地区（北京、上海、天津、重庆、湖北、广东、深圳七省市，由于福建省于 2016 年 12 月 22 日启动碳交易市场，政策响应时间较短，故剔除该省份）的控排企业，在各地区人民政府官网手动收集相关文件，通过 Python 爬取重点排放单位名录并进行匹配，若是，则 $Treat_{ct}$ 取 1，否则取 0。

（1）绿色金融试点地区政策—绿色信贷指引政策组合的减污降碳效应研究

为了加快建立健全绿色金融体系，发挥资本市场优化资源配置、服务实体经济的功能，以金融手段支持和促进生态文明建设，2016年8月中国人民银行、财政部等七部门联合印发了《关于构建绿色金融体系的指导意见》，标志着中国将成为全球首个建立了比较完整的绿色金融政策体系的经济体。意见指出要支持地方发展绿色金融，鼓励有条件的地方通过专业化绿色担保机制、设立绿色发展基金等手段撬动更多的社会资本投资绿色产业，之后，我国首批绿色金融试点地区由国务院常务会议审定，于2017年6月在浙江、广东、贵州、江西、新疆五省九市设立各有侧重、各具特色的绿色金融改革创新试验区先试先行，在体制机制上探索可复制可推广的经验，中国人民银行、国家发展改革委、财政部等七部门联合印发了《建设绿色金融改革创新试验区总体方案》，指明了绿色金融试点区域的六大主要任务：建立多层次绿色金融组织体系、加快绿色金融产品和服务方式创新、拓宽绿色产业融资渠道、加快发展绿色保险、夯实绿色金融基础设施、构建绿色金融风险防范机制等。绿色金融试点地区在区域实践层面开始发挥绿色金融政策体系合理配置金融资源、优化能源结构和产业结构等经济服务和引导价值，试验区不仅在地理位置上包括了中国东中西地区城市，而且在经济发展、产业结构、资源禀赋以及环境承载力等方面都各有优劣，在一定程度上能反映出绿色金融政策实施的区域差异性和代表性。考虑到该类地区作为绿色金融试点地区，其绿色信贷政策体系的发展基础、发展环境、发展成效等方面相比于其他地方占据了先发优势，积极探索绿色金融改革创新，其启动前的筹备期释放出的绿色金融体系构建的信号，可能会影响到绿色信贷指引政策的实施。所以，本章具体讨论了在绿色金融试点地区的绿色信贷政策实施对异质性企业减污降碳绩效的影响效果。

从表5.34和表5.35两种政策组合对棕色企业和绿色企业减污降碳绩效回归关键变量bpostpoint和gpostpoint的系数和正负来看，这两种政策的协同实施虽然没有影响到绿色信贷指引政策单独实施的政策效果，但是在绿色金融试点地区试验绿色信贷政策的时候抑制了棕色企业的减污降碳绩效，这种现象说明了由于我国绿色金融体系仍处于探索和构建阶段，以绿色信贷金融政策工具为代表的开发性金融创新工具也处于完善阶段，对绿色企业及清洁环保项目的认定标准尚未统一，且试验区内绿色信贷风险管控机制和监督管理的作用尚未凸显，导致多数企业存在"漂绿"的投机行为，从而造成试验区内绿色资金的错配，不利于激励棕色企业的减污降碳表现（金环等，2022）。对于绿色企业来说，绿色金融试点地区绿色信贷政策的实施有利于提升企业的碳排放绩效，但是对其主要污染物的排放绩效没有显示出显著的正向影响，且一些绿色项目还面临难以有效内生化、投资回报率不高、市场吸引力不足等问题，导致绿色企业在较短的时间内无法实现减排和收益的协调统一。

表 5.34　绿色金融试点地区绿色信贷政策实施对棕色企业减污降碳的回归结果

变量	(1) CO_2 perform	(2) codperform	(3) sootperform	(4) SO_2 perform
bpostpoint	-6.211 ***	-1.724 **	-0.192 **	-0.141 **
	(1.865)	(0.849)	(0.075)	(0.068)
bro2012	1.912 **	1.362 *	0.114 **	0.066 *
	(0.853)	(0.822)	(0.045)	(0.037)
_cons	5.297 ***	-0.591 ***	-0.366 ***	-0.405 ***
	(0.539)	(0.137)	(0.081)	(0.083)
控制变量	Yes	Yes	Yes	Yes
企业固定效应	Yes	Yes	Yes	Yes
时间固定效应	Yes	Yes	Yes	Yes
观测值	6555	6555	6555	6555
R-squared	0.4272	0.5259	0.3557	0.3519

注：所有回归均聚类于行业层面，括号内为聚类标准误；*、**、*** 分别表示10%、5%和1%的显著性水平。

表 5.35　绿色金融试点地区绿色信贷政策实施对绿色企业减污降碳的回归结果

变量	(1) CO_2 perform	(2) codperform	(3) sootperform	(4) SO_2 perform
gpostpoint	4.784 **	-1.284 *	0.008	-0.009
	(1.356)	(0.731)	(0.132)	(0.102)
gre2012	1.750 **	1.168 **	0.090 *	0.052 **
	(0.976)	(0.584)	(0.048)	(0.022)
_cons	8.200 ***	0.046	0.049 **	-0.404 ***
	(0.579)	(0.131)	(0.020)	(0.109)
控制变量	Yes	Yes	Yes	Yes
企业固定效应	Yes	Yes	Yes	Yes
时间固定效应	Yes	Yes	Yes	Yes
观测值	6555	6555	6555	6555
R-squared	0.3859	0.1089	0.0322	0.4047

注：所有回归均聚类于行业层面，括号内为聚类标准误；*、**、*** 分别表示10%、5%和1%的显著性水平。

（2）中国碳交易试点政策—绿色信贷指引政策组合的减污降碳效应研究

为了积极稳妥地推进"碳中和"和"碳达峰"的目标顺利达成，国家构建了区域层面的碳交易市场机制体系，该举措是针对 CO_2 排放有效控排减排的重要市场手段，通过用能权分配和价格调控来提升企业节能减碳管理水平，提升节能减碳技术水平，形成新的碳金融创新产品和碳金融活动，以差别化手段影响企业的节能减排成本，推进企业低碳转型发展。具体措施如下：国家发展改革委于 2011 年 10 月 29 日下发通知，批准北京、天津、上海、重庆、广东、湖北和深圳 7 省市开展碳交易试点工作；2013 年，深圳、上海、北京、广东和天津在全国率先启动碳排放权交易市场；2014 年，湖北和重庆的碳排放市场正式开市；2016 年，碳排放权交易试点地区进一步扩容，纳入了福建地区；2021 年 7 月 16 日，全国碳排放权交易市场正式启动。当相关地区被确定为试点之后，各地区纷纷出台碳排放权交易试点工作实施方案，试点地区的碳交易进程稳步推进，全国碳交易市场运行总体平稳，截至 2022 年底，全国碳交易市场碳排放配额累计成交量约 2.3 亿吨，标志着中国成为全球覆盖温室气体排放量规模最大的碳交易市场。

由于碳交易试点政策的实施与绿色信贷指引政策均属于同一阶段的绿色金融政策工具，两种政策的同步实施会在很大程度上影响绿色信贷政策的实施效果，所以，本章具体讨论了绿色信贷政策实施对棕色企业中的碳交易控排企业减污降碳绩效的影响效果，没有绿色企业组的回归结果是因为研究样本中的绿色企业没有出现在各地区碳交易市场中的控排企业名单中。表 5.36 汇报了绿色信贷指引政策实施对棕色碳交易控排企业减污降碳绩效的回归结果，结果显示，在考虑了碳交易试点政策的协同效应的情况下，绿色信贷指引政策单独实施的政策效应依然稳健，但是，各排放物排放绩效下回归的关键变量 gc 的系数只有在工业 SO_2 排放绩效的情况下显著为正，尤其是对碳排放绩效没有显示出正向的影响效果，对工业废水排放绩效的影响为负，对工业粉尘排放绩效政策组合效果不明显。这个结果说明了绿色信贷政策实施没有对棕色碳交易控排企业的碳排放绩效产生预期的政策效果，但是对工业 SO_2 排放绩效起到了同质政策协调下的叠加效果，有效解决了单一绿色信贷政策对工业 SO_2 排放绩效不显著的问题。这个现象一方面说明了碳交易市场的运行和构建绿色信贷政策的协调配合可以实现与 CO_2 同根同源的 SO_2 的协同控排，有效解决了单一绿色信贷政策对工业 SO_2 排放绩效不显著的问题，但另一方面也说明了两种政策组合对碳排放以及其他主要部分污染物的减污降碳协同效应的政策效力严重不足，两者的相互配合仍需进一步加强协调和优化完善。

表 5.36　绿色信贷指引政策实施对棕色碳交易控排企业减污降碳绩效的回归结果

变量	(1) CO_2perform	(2) codperform	(3) sootperform	(4) SO_2perform
gc	−29.981	−1.879**	0.072	0.256**
	(20.552)	(0.800)	(0.167)	(0.114)
bro2012	1.117*	1.272*	0.073**	0.087
	(0.660)	(0.790)	(0.035)	(0.081)
_cons	1.391***	−0.780***	−0.407***	0.029
	(0.469)	(0.183)	(0.096)	(0.026)
控制变量	Yes	Yes	Yes	Yes
企业固定效应	Yes	Yes	Yes	Yes
时间固定效应	Yes	Yes	Yes	Yes
观测值	6854	6854	6854	6854
R-squared	0.4140	0.5295	0.3477	0.0367

注：所有回归均聚类于行业层面，括号内为聚类标准误；*、**、*** 分别表示 10%、5% 和 1% 的显著性水平。

第三节　本章小结

2012 年的绿色信贷指引政策是国家首次对银行部门的授信标准提出了更明确和具体的要求，要求银行部门制定专门的授信指引，将环境和社会表现不合规的客户剔除授信名单，设置高标准环境和社会风险评估门槛，对出现重大风险隐患的客户及时中止或者终止对其信贷资金的拨付等。此次绿色信贷政策的质变相比于 2007 年的环保信贷政策，构建出了绿色信贷政策体系具有约束力管理办法的雏形，规范了银行的信贷决策与企业的环境绩效，对商业银行的公司治理与信贷风险管理流程提出了更高的要求，为我国建设具有中国特色的绿色信贷标准体系奠定了基础，除了为银行防范环境和社会风险、发展绿色信贷支持绿色经济、低碳经济、循环经济提供指引外，也加强了对银行发放绿色贷款及管理环境和社会风险情况的监管，并将相关情况纳入银行监管评级、市场准入和银行管理者绩效评估体系中，对银行形成了实质性压力。因此，在绿色信贷政策的发展阶段，绿色信贷指引政策对银行部门施加的压力是否会间接影响到企业的环境治理表现和治理成效，又会通过何种宏观层面和微观层面机制和渠道来深化政策效果。本章主要围绕这几个关键问题对绿色信贷指引政策的实施效果进行评估，并通过构建计量模型、反事实模拟等方法来检验并论证前文提出的研究假说。

据此，本研究借助于 2008—2016 年中国 A 股上市公司的非平衡面板数据，以 2012 年《绿色信贷指引》政策作为政策冲击，构建连续型 DID 模型，分别对绿色信贷指引政策实施对棕色企业和绿色企业减污降碳绩效的影响效果以及其稳健性、异质性和其过程中可能存在的影响机制和渠道展开了讨论。实证研究发现：

（1）绿色信贷指引政策的实施有效提升了棕色企业和绿色企业的减污降碳绩效，验证了研究假说 1 和假说 2，同时也说明了绿色信贷政策的发展阶段有利于棕色企业绿色转型，《绿色信贷指引》对绿色企业减污降碳绩效的执行效力相比于 2007 年的环保信贷政策更有效率，也说明了我国的绿色信贷政策得到了进一步的完善。

（2）本章通过替换主要解释变量、改变政策实施时间表示方法、剔除其他政策干扰、安慰剂检验来对基准回归结果进行了稳健性检验，检验结果论证了基准结论的可靠性。

（3）本章在验证了基准结论的稳健性的基础上，考虑到区域绿色金融发展水平和行业特征以及行业竞争差异都可能会引起绿色信贷指引政策对棕色企业和绿色企业减污降碳绩效产生非对称效应。从地区绿色金融发展水平异质性来看，《绿色信贷指引》的实施使得棕色企业的碳排放绩效在高绿色金融发展水平的地区政策正向效应较为显著，此外，无论地区绿色金融发展水平处于何种状态，绿色信贷指引政策均会有效促进棕色企业的工业废水排放绩效和工业粉尘排放绩效，但是高水平地区的影响效应要大于低水平地区。对于绿色企业来说，绿色信贷指引政策的实施对企业减污降碳绩效的提升效果均体现在高绿色金融发展水平地区，说明了当前绿色企业的可持续发展仍然需要有利的绿色金融环境作为基本条件，在绿色金融发展水平较低的区域，绿色信贷指引对绿色企业的政策效应仍然受到一定程度的制约。从行业要素密集度异质性来看，政策对资本密集型行业棕色企业的碳排放绩效、工业粉尘排放绩效、工业 SO_2 排放绩效有一定的提升效果，而对主要污染物排放绩效没有产生政策效应，同时对劳动密集型行业的棕色企业主要污染物排放绩效产生了负向影响。政策对资源密集型行业和资本密集型行业的绿色企业的碳排放绩效产生了正向影响，对处于资本密集型行业的绿色企业的工业废水排放绩效具有显著的提升效果，同时也对劳动密集型行业绿色企业的主要污染物的排放绩效产生促进效果。从行业竞争度异质性来看，在棕色企业中，绿色信贷指引政策的实施对低竞争程度企业的碳排放绩效和工业粉尘排放绩效有一定的提升效果，对高竞争程度企业的工业粉尘排放有更大的政策效应，且对 SO_2 排放绩效有一定的提升效果。在绿色企业中，绿色信贷指引政策的实施对两种竞争程度的企业的 CO_2 排放绩效均有提升效果，但是在低竞争程度的效果更好，同时对高竞争程度行业企业的工业废水和工业 SO_2 的排放绩效有正向影响。

（4）绿色信贷指引政策在不同的场景下，可能会通过企业数字化转型的调节效应、金融资源配置和绿色技术创新溢出的机制传导效应、宏观环境监管门槛效应、同期同质政策协同效应这几条影响机制和渠道来有效提升棕色企业和绿色企业的减污降碳绩效，一系列的讨论结果也分别验证了研究假说3、假说5、假说6、假说7、假说8，为如何有效发挥绿色信贷政策对企业减污降碳绩效的正向影响提供了有益的政策思考和微观经验证据。

上述结论表明，我国经济发展所处的工业化进程后期以及城市化中期，也是以绿色信贷指引政策实施为标志的中国绿色信贷政策的发展阶段，棕色企业和绿色企业的减污降碳绩效也呈现出了排放产物之间的协同增效，虽然在一些情况下，绿色信贷政策工具的运用仍然离预期效果存在一定的差距，但是宏观层面的战略引导和微观层面的动态调整也为国家和金融机构不断完善和健全绿色信贷政策体系"补短板，锻长板"提供了诸多有益启示，更加明确了绿色信贷政策在下一阶段的改进方向。考虑到绿色信贷政策的出发点是对异质性企业设定"激励—惩罚"差别化利率，来有效解决绿色清洁领域的融资约束问题，加大对棕色企业排碳扩污的环境代价，倒逼棕色企业绿色转型，本章探讨了国家惩罚施压的情况下对企业环境治理行为的影响。所以，在绿色信贷政策实施的下一阶段，除了国家对银行施加行政压力的方式之外，央行对商业银行积极响应绿色信贷政策的激励举措是否会使绿色企业的融资困境得到一定程度的疏解，是否会进一步加大银行对棕色企业的融资约束，在这样的情形之下，企业又该如何调整融资渠道？这些问题的进一步讨论将在第六章详细展开。

第六章　绿色信贷政策综合发展阶段提升企业减污降碳绩效的进一步讨论

　　央行的合格担保品是指在货币政策操作过程中，允许或要求交易对手提供的作为直接交易或偿债的担保资产。央行的合格担保品作为能显著提升商业银行流动性创造的创新型金融产品，其灵活性体现在央行能够根据中国金融市场发展形势动态调整担保品种类和扩充担保品范围，释放结构性去杠杆的重要信号。在我国绿色信贷政策体系的综合发展阶段，央行在 2017 年第四季度扩大了新型货币政策工具中期借贷便利（MLF）的担保品范围，将绿色信贷等金融债抵押品纳入了担保品框架，该政策的出台集中体现了央行通过继续实施稳健中性的货币政策，保持流动性合理稳定，引导货币信贷和社会融资规模平稳适度增长，通过层层递进的方式加大对绿色信贷政策体系构建的支持力度，充分调动金融机构支持绿色融资的积极性。央行将绿色信贷资产评估纳入新型货币政策工具的合格担保品范围，相当于以国家信用为绿色企业和相关项目进行隐性担保，会进一步提高绿色信贷资产的质权、稀缺性和优质率。

　　对于银行来说，在向绿色企业或环保清洁项目提供合格优质的绿色信贷产品后，可以将该产品作为担保品得到同比其他银行借贷利率更低的资金。那么，央行将绿色信贷资产纳入合格担保品框架在对银行发放绿色信贷产生激励的同时，是否能够进一步疏解绿色企业的融资困境？而对棕色企业的融资约束是否有一定程度的收紧？异质性企业在该政策调整下又会如何选择其融资渠道？这些问题的回答将对央行如何运用货币政策工具和手段来完善绿色信贷政策的纾困效能提供有益的参考价值。

　　本章内容主要包括：首先，通过实证检验，验证了绿色信贷政策在综合发展阶段下异质性企业的减污降碳效应；然后构建现金—现金流模型，来讨论央行的绿色信贷担保品扩容政策对棕色企业和绿色企业的现金流敏感度的影响来观察该政策的助企纾困效应，进而论证研究假说9。其次，通过构建投资—现金流模型对绿色企业和棕色企业的现金流敏感性进行稳健性检验，并且通过工具变量法对模型的内生性分析进行了相关分析；此外，根据地区市场化程度异质性和地区银行业竞争度异质性对央行绿色信贷担保品扩容的助企纾困效应进行异质性讨论。最后，在机制渠道方面，运用机制检验模型分析上市公司对"股权融资""债券融资""商业信用融资"这三条主要融资渠道的选择偏好在央行绿色信贷担保品扩容政策影响异质性企业融资可得性过程中的影响效果。

第一节　政策背景与模型设计

一、政策背景和特征事实分析

自 2013 年以来，中国发展正处于新发展阶段的过渡时期，该阶段我国经济发展平衡性、协调性、可持续性明显增强，我国在绿色信贷政策体系构建和绿色金融发展方面作出了诸多努力，取得了突破性和阶段性进展。从 2007 年到 2021 年，我国绿色信贷政策体系经历了从无到有、从慢到快、由表及里的发展过程，助力我国在 2016 年成为全球首个建立系统性绿色金融政策框架的国家，绿色信贷政策也进入了综合发展阶段。为了更好地巩固现有发展成果，中国人民银行等七部门在 2016 年 8 月联合发布的《关于构建绿色金融体系的指导意见》（以下简称《意见》）中提出了发展绿色信贷、绿色证券、绿色发展基金、绿色保险，以及完善环境权益市场、开展地方试点、推动国际合作等八大任务。为了更好地配合和落实《意见》的有效实施，加大对银行部门在环境改善、应对气候变化和资源节约高效利用的经济活动中提供更多的信贷产品及服务的支持力度，中国人民银行 2017 年在《货币政策执行报告（2017 年第四季度）》中披露，央行在开展 2017 年第三季度宏观审慎评估（MPA）时，将绿色金融作为一项评估指标，纳入"信贷政策执行情况"项下进行评估，并提出要优先接受绿色信贷资产作为央行绿色信贷政策支持再贷款和常备借贷便利的担保品，中国绿色信贷在信贷市场的地位得到了进一步加强；2018 年 1 月，人民银行印发了《关于建立绿色贷款专项统计制度的通知》，明确了绿色贷款的统计对象、统计内容、统计标准、实施要求，并将绿色信贷情况正式纳入宏观审慎评估框架（MPA），提出以量化指标引导金融机构合理、高效地支持绿色产业。同年 6 月，中国人民银行正式出台相关政策文件，进一步扩大了中期借贷便利担保品范围（MLF）。将不低于 AA 级的小微企业、绿色和"三农"金融债券、AA+级和 AA 级公司信用类债券（优先接受涉及小微企业、绿色经济的债券）、优质的小微企业贷款和绿色贷款新纳入中期借贷便利担保品范围。

　　优先接受绿色信贷为信贷资产担保品，可以有效激励银行对绿色信贷业务的推广和发展，优先接受以评估级别较高的绿色信贷资产作为担保品有助于降低中央银行面临的信用风险。一方面，绿色信贷期限较长，其评级信息可重复更新利用，有利于降低央行评级成本；另一方面，将会激发金融机构更高的积极性去配置更多的绿色信贷资源，具有申请 MLF 资格的金融机构将优质的绿色信贷资产作为优先担保品。就会得到央行提供的中期基础货币，加强银行部门服务经济绿色转型的能力。2017 年以来，央行这一系列将绿色信贷资产纳入创新型货币政策工具担保品扩容举措成为我国绿色信贷政策进入综合发展阶段的标志性事件之一。

　　回顾我国央行合格担保品制度的发展，传统货币政策工具的公开市场操作、再贷款和再贴现的合格担保品范围仅包括国债、政策性金融债及商业汇票。为了进一步扩张担保品种类，定向释放资金以实现流动性的结构化宽松的目的，央行创新性地设置了常备借贷便利（SLF）、中期借贷便利（MLF）等新型货币政策工具来主动投放流动性，新型货币政策工具均要求以质押方式操作，央行担保品扩容并不意味着货币政策转向宽松，而是一个促使中国经济结构调整迈向高质量发展的宏观政策举措，各项金融产品的投向均有明确的指引方向。历次 MLF 合格担保品范围调整包括如表 6.1 所示的这几个阶段。

表 6.1　MLF 担保品历年扩容调整情况

时间	MLF 担保品内容
2014 年 9 月	国债、央行票据、政策性金融债、高等级信用债
2015 年 5 月	国债、央行票据、国家开发银行及政策性金融债、中央政府代发的地方政府债、同业存单、主体信用评级和债券信用评级均为 AAA 级的企业债券和中期票据、主体信用评级为 AAA 级、债项评级为 A-1 级的短期融资券和超短期融资券
2018 年 6 月	在此前基础上，加入不低于 AA 级的小微、绿色和"三农"金融债券；AA+级、AA 级公司信用类债券，包括企业债、中期票据、短期融资券；优质的小微企业贷款和绿色贷款

资料来源：中国人民银行官网。

　　央行此次调整除了在债券评级上放宽了标准，而更重要的调整之一是将绿色贷款纳入了 MPA 宏观审慎评估体系和 MLF 担保品范畴，给予绿色信贷资产政府性隐性担保主要用于疏解现阶段绿色清洁领域的相关企业和项目融资难和融资贵的资金困境，同时也间接降低了棕色企业的信贷可得性，以切断粗放生产和盲目扩张的"三高"企业的银行贷款来源,为高质量发展和供给侧结构性改革营造适宜的货币金融环境。此外,结合我国当前绿色信贷市场的发展现状来看,图 6.1 汇报了主要银行的绿色信贷规模动态趋势图,大部分银行对绿色信贷发放的规模几乎是逐年递增的状态,其中,国家开发银行、中国工商银行、中国农业银行、中国建设银行、中国银行这几个银行的绿色信贷规模居于前列,分别属于政策性银行和国有商业银行,且国家开发银行、中国工商银行、中国农业银行、中国银行这几个银行在 2018 年以后绿色信贷扩张速度加快,其余银行的绿色信贷发展规模虽然处于较低水平,但是也处于逐年上升的状态。图 6.2 汇报了在绿色信贷政策的综合发展阶段,银行对"两高一剩"行业的贷款情况,该折线图清晰地反映出银行对"两高一剩"行业的支持力度逐年下降,尤其是在 2016 年表现出短暂的回升趋势后,2017年的贷款额又保持了继续下降的趋势。图 6.3 展示了我国绿色信贷支持项目中所收获的环境效益动态折线图,可以看到,在当前发展阶段,绿色信贷所支持的项目在节约水资源、CO_2 减排和降低能源消耗强度这几方面起到了良好的促进作用,虽然绿色信贷的支持对主要污染物的减排规模的作用相对较小,但是也体现出较好的动态上升减排效果。综上所述,虽然我国银行机构

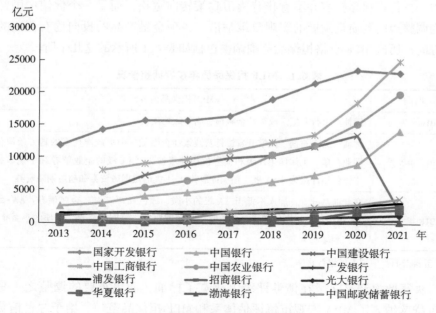

图 6.1　主要银行绿色信贷规模动态趋势

(数据来源:CSMAR 绿色金融数据库)

发放的绿色信贷规模能够较好地保持逐年递增的趋势，但是占据银行信贷总额的比重不到 10%，且对环境项目的支持力度仍然有限，目前我国绿色发展仍面临较大的资金缺口，绿色信贷市场还有非常大的发展空间，因此，在绿色信贷政策的综合发展阶段，央行如何通过货币政策工具的调整来激励银行和企业对绿色信贷的需求进而弥补绿色融资需求缺口，这对银行部门和异质性企业来说，是生存挑战，更是发展机遇。

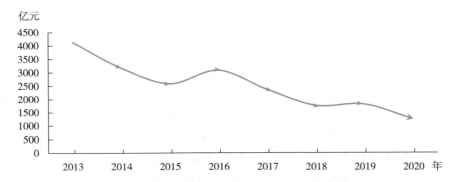

图 6.2　"两高一剩"行业年度贷款余额动态折线图

（数据来源：CSMAR 绿色金融数据库）

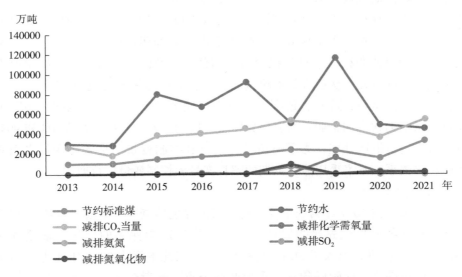

图 6.3　绿色信贷支持项目环境效益动态折线图

（数据来源：CSMAR 绿色金融数据库）

二、研究设计与变量选取

前文的政策背景和特征事实分析说明了，在 2017 年之后，也就是央行将绿色贷款纳入了 MPA 宏观审慎评估体系以及纳入 MLF 担保品范畴等一系列政策实施之后，各银行对绿色信贷规模的扩张速度有了明显的加快趋势，对"两高一剩"行业的贷款规模也持续收紧，对减污降碳强度有一定的削减作用，但是对主要污染物的削减效果仍然有限，绿色信贷融资仍存在巨大的资金缺口。央行通过将绿色信贷纳入 MLF 担保品范畴的方式来进一步完善我国的绿色信贷政策，这一举措能否通过激励银行的差异化放贷行为对异质性企业的减污降碳绩效有一定的提升作用？对异质性企业的融资约束产生纾困效应或收紧效应？这种政策影响会在宏观和微观环境下存在怎样的差异？异质性企业又会通过怎样的融资渠道调整来自纾己困？这些问题的回答将对央行激发金融机构不断拓展并推广绿色信贷业务的内生动力，进而促使企业协调好转型和发展的关系，把握好新发展阶段下的政策红利提供重要的决策依据。

本章以 2013—2021 年我国 282 个地级市中（剔除绿色金融试点地区）的 A 股上市公司为研究样本，微观层面的数据来源主要是国泰安数据库、Wind 数据库、中国研究数据服务平台、EPS 数据库以及各公司年报和财务报表手工收集和整理获得，为了剔除同期其他纳入 MLF 担保品范畴的金融工具可能会带来的政策干扰，本章剔除了金融类上市企业和房地产上市公司、在此期间发行过绿色债券和"三农"概念债券的公司以及同时符合年度应纳税所得额不超过 300 万元、从业人数不超过 300 人、资产总额不超过 5000 万元三个条件的中小微企业；此外，还剔除了资产负债率大于 1 的公司数据；剔除了关键变量数据缺失的企业；为避免异常值的影响，并对连续变量在 1% 和 99% 分位数上进行缩尾处理，为了避免解释变量和控制变量与被解释变量之间的反向因果关系，本书采用滞后一期的解释变量和控制变量进行回归。

（1）构建模型

鉴于央行在 2017 年第四季度就将银行的绿色信贷业务绩效评估纳入 MPA 框架，提前释放出优先接受绿色信贷为信贷资产担保品的信号，紧接着在 2018 年 6 月就将其纳入了 MLF 担保品范畴。因此本章将 2017 年作为中国绿色信贷政策综合发展阶段的一个重要政策节点，来考察该政策实施后，是否有效缓解了绿色企业的融资困境。借鉴并结合了 Almeida 等（2004）、马连福和张晓庆（2020）以及宁博等（2022）的实证模型构建，将连续型 DID 模型的设定思路引入现金—现金流敏感度模型，来度量央行绿色信贷担保品扩容对异质性企业的融资约束程度，具体的模型设定如下：

$$DCash_{it} = \beta_0 + \beta_1 CF_{it} + \beta_2 GMPA_{it} + \beta_3 GMPA_{it} \times CF_{it} + \beta_4 X_{it} + \mu_i + \lambda_t + \varepsilon_{it}$$

(6.1)

其中，$DCash_{it}$ 为被解释变量，表示的是现金持有变动，CF_{it} 为经营性现金流，$GMPA_{it}$ 为政策虚拟变量，是区分异质性企业是否受到绿色信贷政策限制的虚拟变量，若考察的是绿色企业组，则 $GMPA_{it}$ 为《绿色产业指导目录（2019年版）》中涉及的绿色行业中的企业且研究样本在2017年及以后时取1，否则设为0；若考察的是棕色企业组，则 $GMPA_{it}$ 为前文提到的绿色信贷限制性行业企业且研究样本在2017年及以后时取1，否则设为0。具体形式分为mpa-green 和 mpa-brown，本章重点关注的是绿色企业组 β_3 的系数，若系数值显著为负，则表明央行绿色信贷担保品扩容政策达到了疏解绿色企业融资约束的政策预期效果，该模型的原理是：受到融资约束的企业，由于外部融资渠道受阻，则会通过储备足够的现金来保证企业后续投资实施，此种预防性储蓄动机使得企业从营业现金流中提取更多的部分作为储备现金，从而表现为更高的现金—现金流敏感度（宁博等，2022），而央行绿色信贷担保品扩容政策的实施若使得绿色企业现金—现金流敏感度降低，则说明起到了缓解其融资约束的作用。X_{it} 表示一系列控制变量。μ_i 为公司个体固定效应，λ_t 为年份固定效应，ε_{it} 表示模型的误差干扰项。

（2）变量选取

被解释变量（Cashhold）表示的是公司现金持有变动。该指标采用的核算方式是公司年度现金及现金等价物净增加额除以期初总资产。

解释变量（$GMPA_{it}$）表示为央行绿色信贷担保品扩容的政策效应变量，是区分异质性企业是否受到绿色信贷政策限制的虚拟变量。若考察的是绿色企业组，则 $GMPA_{it}$ 为《绿色产业指导目录（2019年版）》中涉及的绿色行业中的企业且研究样本在2017年及以后时取1，否则设为0；若考察的是棕色企业组，则 $GMPA_{it}$ 为前文提到的绿色信贷限制性行业企业且研究样本在2017年及以后时取1，否则设为0。具体形式分为 mpa-green 和 mpa-brown。经营性现金流（CF）。该指标测算方式为公司年度经营性活动现金流净额除以期初总资产。这两个变量的交乘的系数在模型中反映了棕色企业组和绿色企业组的融资约束效应在受到政策冲击前后的双重差异。

控制变量。本书的控制变量包括微观层面的控制变量，主要控制了企业的相关财务指标和企业特征，具体包括：总资产周转率营运能力（inveffft）、企业规模（lnsize）、净资产收益率（ROA）、高管薪酬（lnexe）、无形资产规模（lntassets）、企业信用融资规模（lnTCFT）、企业偿债能力（lev）、债务融资成本（lndebtcost）、净利润（lnprofit）、行业群体规模（lnsamplenumber）。

其他变量。投资变量，采用总资产标准化后的资本支出指标来度量。其中，为了避免多变量之间强相关性较高导致模型的估计偏误，本文对模型中涉及的变量进行方差膨胀因子检验。结果表明，最大的方差膨胀因子（VIF）的均值为2.45，且各变量的VIF值均远小于10，这个结果说明了各变量之间不存在多重共线性问题。表6.2给出了本部分实证模型中涉及的主要变量的描述性统计分析和度量方法。

表6.2　主要变量的度量方法与描述性统计分析

变量名称	变量说明	Obs	Mean	SD	Min	Max
现金持有变动（cashhold）	现金及现金等价物净增加额/期初总资产	19950	-0.001	0.442	-1.377	1.525
资本支出（invest）	经营租赁所支付的现金＋购建固定资产、无形资产和其他长期资产所支付的现金－处置固定资产、无形资产和其他长期资产而收回的现金净额（用总资产标准化）	20556	0.046	0.043	0.000	0.210
棕色企业组（mpa-brown）	若企业为绿色信贷限制行业且样本年份在2017年及以后为1，反之为0	21672	0.277	0.448	0.000	1.000
绿色企业组（mpa-green）	若企业为绿色产业目录中的行业企业且样本年份在2017年及以后为1，反之为0	21672	0.014	0.117	0.000	1.000
经营性现金流（CF）	经营性现金流净额/期初总资产	19950	0.165	0.352	-0.825	1.145
总资产周转率营运能力（inveffft）	业务收入净额/平均资产总额	27958	0.738	0.479	0.084	2.739
企业规模（lnsize）	总资产取对数	29324	21.591	1.580	18.177	26.210
净资产收益率（ROA）	净利润/平均资产总额	20527	0.04	0.061	-0.24	0.21
高管薪酬（lnexe）	前三名高管薪酬总额的自然对数	21485	5.292	0.679	3.695	7.296

变量名称	变量说明	Obs	Mean	SD	Min	Max
无形资产规模（lntassets）	无形资产取对数	28687	17.933	2.111	11.516	23.124
企业信用融资规模（lnTCFT）	应收账款取对数	28953	19.180	1.680	14.105	23.411
企业偿债能力（lev）	总负债/总资产	29276	0.416	0.197	0.061	0.871
债务融资成本（lndebtcost）	利息支出与资本化利息支出之和/总借款的平均值（总借款包括短期借款、长期借款和一年内到期的长期借款）	28905	0.00782	0.0634	-0.134	0.0698
净利润（lnprofit）	净利润取对数	16946	18.913	1.542	15.285	23.165
行业群体规模（lnsamplenumber）	行业内公司总数取对数	31627	3.772	1.385	0.000	5.476

（3）平行趋势检验

由于设定的模型中包含了双重差分的研究思路，所以本章设置的基准模型是否有效的前提假设是，如果不存在央行绿色信贷担保品扩容政策的冲击，棕色企业和其对应的其他对照组企业，或者绿色企业和其对应的其他对照组企业的现金—现金流敏感度变化趋势应该是平行的。如果该假设成立，那么在政策实施之前，实验组和对照组企业之间不存在显著差异。本书采用事件研究法验证平行趋势假设，通过绘制央行绿色信贷担保品扩容对异质性企业现金—现金流敏感度的平行趋势检验图6.4和图6.5，可以发现在政策实施之前，不管是棕色企业还是绿色企业，其关键变量的系数均不显著，通过了平行趋势检验。此外，从图6.4中可以看出，央行绿色信贷担保品扩容政策实施之后，对棕色企业的现金—现金流敏感度的影响仍然是显著为正的，说明了该项政策对绿色企业的融资可得性具有一定的约束作用。图6.5的结果说明了该政策在实施之后对绿色企业的现金—现金流敏感度有显著的削弱效果，在一定程度上缓解了绿色企业的融资约束。

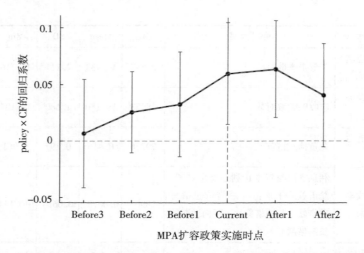

图 6.4　央行绿色信贷担保品扩容对棕色企业现金—现金流敏感度的平行趋势检验

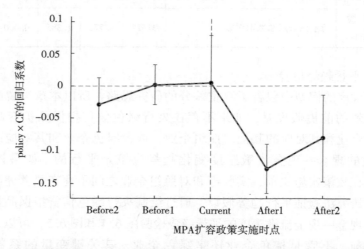

图 6.5　央行绿色信贷担保品扩容对绿色企业现金—现金流敏感度的平行趋势检验

第二节　实证结果分析

一、央行绿色信贷担保品扩容政策对异质性企业融资约束的影响分析

本章的研究目的是对绿色信贷在综合发展阶段政策对异质性企业融资约束效应的进一步讨论，在讨论该政策效应之前，需要先对该政策的实施是否

对异质性企业减污降碳绩效产生的影响效果进行检验，表6.3汇报了央行绿色信贷担保品扩容政策对棕色企业和绿色企业的减污降碳绩效的基准回归结果。从结果中可以发现，该政策的实施有利于提升棕色企业的CO_2排放绩效和工业废水排放绩效，但对其工业粉尘和工业SO_2的排放绩效没有体现出明显的政策效应。而该政策的实施对绿色企业的减污降碳绩效体现出了协同效应，该结论验证了研究假说1和假说2。

在验证了2017年央行的绿色信贷担保品扩容政策对企业的减污降碳绩效存在一定程度的促进效果之后，本章依据计量模型（6.1）来讨论央行绿色信贷担保品扩容政策对异质性企业融资约束的影响效果。具体的回归结果如表6.4所示，其中第（1）列和第（3）列是不加控制变量的回归结果。无论是否加入控制变量，从棕色企业组的回归结果来看，关键解释变量mpa-brown×CF的系数为负，但是不显著，说明了央行绿色信贷担保品扩容政策对棕色企业的现金—现金流敏感度没有体现出显著的收紧或削弱的效果，但绿色企业组的回归结果显示，关键解释变量mpa-green×CF的系数显著为负，说明了央行的货币政策对绿色信贷担保品的扩容有效降低了绿色企业的现金—现金流敏感度，该政策有效缓解了绿色企业的融资约束困境，验证了研究假说9。

表6.3　央行绿色信贷担保品扩容政策对异质性企业减污降碳绩效的影响分析

变量	(1) CO_2 perform	(2) codperform	(3) sootperform	(4) SO_2 perform	(5) CO_2 perform	(6) codperform	(7) sootperform	(8) SO_2 perform
	棕色企业组				绿色企业组			
bro2017	0.320**	0.271***	−0.080	−0.005				
	(0.088)	(0.084)	(0.200)	(0.003)				
gre2017					0.598**	0.027*	0.016*	0.015*
					(0.150)	(0.016)	(0.008)	(0.008)
_cons	1.813***	5.892	−0.300***	0.024	1.392**	0.194	0.194***	0.213***
	(0.687)	(8.556)	(0.110)	(0.026)	(0.684)	(0.637)	(0.072)	(0.070)
控制变量	Yes	Yes	Yes	Yes	Yes	Yes	Yes	Yes
企业固定效应	Yes	Yes	Yes	Yes	Yes	Yes	Yes	Yes
时间固定效应	Yes	Yes	Yes	Yes	Yes	Yes	Yes	Yes
观测值	7780	7780	7780	7780	7780	7780	7780	7780
R-squared	0.1236	0.4778	0.0274	0.3314	0.1804	0.1812	0.3004	0.3030

注：所有回归均聚类于企业层面，括号内为聚类标准误；*、**、***分别表示10%、5%和1%的显著性水平。

表 6.4 央行绿色信贷担保品扩容政策对异质性企业融资约束的影响

分组	棕色企业组		绿色企业组	
	(1)	(2)	(3)	(4)
变量	cashhold	cashhold	cashhold	cashhold
mpa-brown×CF	−0.007	−0.019		
	(0.038)	(0.025)		
mpa-brown	0.049*	0.057***		
	(0.024)	(0.007)		
mpa-green×CF			−0.157***	−0.124**
			(0.042)	(0.038)
mpa-green			0.045	0.033
			(0.034)	(0.026)
CF	0.159***	0.145***	0.161***	0.145***
	(0.038)	(0.028)	(0.030)	(0.023)
ROA		0.003***		0.003***
		(0.001)		(0.001)
inveffft		0.062***		0.061***
		(0.004)		(0.004)
lnsize		0.070***		0.070***
		(0.012)		(0.012)
lnexe		−0.013		−0.018*
		(0.008)		(0.008)
lntassets		−0.003		−0.001
		(0.004)		(0.005)
lnTCFT		−0.012***		−0.010***
		(0.003)		(0.003)
lev		0.224**		0.217**
		(0.075)		(0.076)
lndebtcost		0.015***		0.015***
		(0.003)		(0.003)
lnprofit		−0.008		−0.009
		(0.006)		(0.006)

续表

分组	棕色企业组		绿色企业组	
变量	（1） cashhold	（2） cashhold	（3） cashhold	（4） cashhold
lnsamplenumber		−0.001 （0.002）		−0.001 （0.002）
_cons	−0.083*** （0.019）	−1.182*** （0.134）	−0.065*** （0.013）	−1.189*** （0.128）
企业固定效应	Yes	Yes	Yes	Yes
时间固定效应	Yes	Yes	Yes	Yes
观测值	16608	16356	16608	16356
R−squared	0.0311	0.0591	0.0295	0.0486

注：所有回归均聚类于企业层面，括号内为聚类标准误；*、**、*** 分别表示 10%、5% 和 1% 的显著性水平。

二、稳健性检验和内生性讨论

（1）稳健性检验

本章通过更换基准回归模型来进行敏感性测试，替换为投资—现金流敏感度模型度量企业融资约束（Erel 等，2015）。该模型的理论含义是：如果企业没有受到融资约束，那么企业经营性现金流入不会使当期投资增加，因为当前已经处于最优的投资水平，反之，则认为企业处于融资约束困境。具体模型设定如下：

$$Invest_{it} = \beta_0 + \beta_1 CF_{it} + \beta_2 GMPA_{it} + \beta_3 GMPA_{it} \times CF_{it} + \beta_4 X_{it} + \mu_i + \lambda_t + \varepsilon_{it}$$

$$（6.2）$$

其中，被解释变量 $Invest_{it}$ 是投资变量，该变量采用资本支出指标来度量，具体测算方式见表 6.2。其余变量的定义与现金—现金流敏感度模型（6.1）中采用的定义和测算方式保持一致。

表 6.5 汇报了投资—现金流敏感度模型（6.2）的回归结果，其中第（1）列和第（3）列是不加控制变量的回归结果。无论是否加入控制变量，从棕色企业组的回归结果来看，关键解释变量 mpa-brown×CF 的系数为负，仍然不显著；从绿色企业组的回归结果来看，关键解释变量 mpa-green×CF 的系数为负，说明了央行的绿色信贷担保品扩容政策的实施使得绿色企业投资—现金流敏感度显著下降。表 6.5 的结果进一步说明了在设定的投资决定现金流流动的

161

场景中，央行将绿色信贷政策工具纳入了担保品框架这一举措有效减弱了绿色企业的融资约束，也检验了基准回归的结果的稳健性以及研究假说 9 的可靠性。

表 6.5 投资—现金流敏感度测试回归结果

分组	棕色企业		绿色企业	
变量	（1） invest	（2） invest	（3） invest	（4） invest
mpa-brown×CF	-0.003 (0.002)	-0.008 (0.005)		
mpa-brown	0.001 *** (0.000)	0.006 *** (0.001)		
mpa-green×CF			-0.024 * (0.011)	-0.030 * (0.013)
mpa-green			0.010 *** (0.002)	0.009 ** (0.002)
CF	0.022 *** (0.002)	0.013 *** (0.002)	0.015 *** (0.001)	0.012 *** (0.003)
ROA		0.001 * (0.000)		0.001 * (0.000)
inveffft		-0.004 *** (0.000)		-0.000 (0.000)
lnsize		-0.010 *** (0.001)		-0.006 *** (0.001)
lnexe		0.002 *** (0.000)		0.004 *** (0.001)
lntassets		0.007 *** (0.000)		0.004 *** (0.000)
lnTCFT		-0.002 *** (0.000)		-0.003 *** (0.001)
lev		0.004 (0.008)		0.012 * (0.006)
lndebtcost		0.002 *** (0.000)		-0.000 (0.000)
lnprofit		0.003 *** (0.001)		0.003 *** (0.000)

续表

分组	棕色企业		绿色企业	
变量	（1） invest	（2） invest	（3） invest	（4） invest
lnsamplenumber		−0.002*** （0.000）		−0.001** （0.000）
_cons	0.041*** （0.000）	0.118*** （0.014）	0.042*** （0.000）	0.083*** （0.013）
企业固定效应	Yes	Yes	Yes	Yes
时间固定效应	Yes	Yes	Yes	Yes
观测值	16598	10002	16598	10002
R−squared	0.0369	0.1037	0.0196	0.1995

注：所有回归均聚类于企业层面，括号内为聚类标准误；*、**、***分别表示10%、5%和1%的显著性水平。

（2）内生性讨论

在模型（1）中，虽然本书尽量去控制那些可能同时会影响到估计结果的相关因素，但实证结果的稳健性可能会受到其他不可观测因素的影响，遗漏变量问题也会导致本章对央行绿色信贷担保品扩容政策效应的估计存在偏误。为了缓解因遗漏变量和测算误差导致的内生性问题，本书进一步采用工具变量估计方法进行内生性讨论。

借鉴许和连等（2020）的思想，本书使用1984年城市银行密度（银行分支机构数量与城市地理面积比值）与年份的乘积作为绿色信贷政策实施情况的工具变量进行估计。1984年，商业性业务正式从中国人民银行中剥离出来，该年新成立的中国工商银行和之前设立的中国农业银行、中国银行、中国建设银行一起构成了国有专业银行体系，标志着现代金融体系雏形的形成。同时该变量还满足了以下两点：①相关性。从金融机构选址的角度，经营状况良好的上市公司集聚的地区往往也是金融市场业务较为活跃的地区，银行在这类地区设立分支机构的可能性会更大，宣传和推广绿色信贷政策的力度也会更大，效率相对更高；②外生性。银行在某地成立分支机构与否受到企业自身融资需求影响的可能性不大，同时银行机构的选址动机很难直接影响目标城市内企业的减污降碳绩效。因此，本文选取的IV满足工具变量的相关性和外生性假定。

表6.6汇报了工具变量法的两阶段回归结果，其中第（1）列和第（2）

列为绿色企业和棕色企业在第一阶段的回归结果，第（3）列和第（4）列为第二阶段回归结果。第一阶段回归结果显示，IV 的系数估计值在 5% 的水平上显著为正，验证了工具变量的相关性假定。第二阶段的回归结果显示，关键变量的回归系数在 10% 的水平上显著为负，说明在缓解了潜在的内生性后，本章的基准结论依然成立。除此之外，本书的识别不足检验结果在 1% 的水平上显著为正，说明本书采用的工具变量克服了识别不足的问题；弱识别检验结果为 17.13 和 41.49，通过了 Stock-Yogo 1% 水平的显著性检验，说明本书的工具变量并不是弱工具变量；Sargan 检验结果也说明了不存在工具变量过度识别的问题。

表 6.6　内生性讨论

变量	(1)	(2)	(3)	(4)
	第一阶段		第二阶段	
	绿色企业	棕色企业	绿色企业	棕色企业
	mpa-green×CF	mpa-brown×CF	cashhold	cashhold
Fin1984	0.0048***	0.0874***		
	(6.2907)	(22.9661)		
mpa-green×CF			-1.60*	
			(-1.87)	
mpa-green			0.24	
			(1.62)	
mpa-brown×CF				-2.30
				(-1.46)
mpa-brown				1.22**
				(2.33)
CF			0.619*	0.638**
			(1.864)	(2.48)
_cons	1.002***	0.0029	-1.29***	-3.72***
	(6.4389)	(0.0940)	(-7.992)	(-7.773)
控制变量	Yes	Yes	Yes	Yes
个体固定效应	Yes	Yes	Yes	Yes
时间固定效应	Yes	Yes	Yes	Yes
识别不足检验			17.123	41.37
			(0.000)	(0.000)

续表

变量	（1）	（2）	（3）	（4）
	第一阶段		第二阶段	
	绿色企业	棕色企业	绿色企业	棕色企业
	mpa-green×CF	mpa-brown×CF	cashhold	cashhold
弱识别检验			17.13	41.49
			（16.38）	（16.38）
Sargan 检验			0.534	0.816
			（0.465）	（0.366）
观测值	10847	10847	11670	11653
R-squared	0.1262	0.1030	0.1810	0.1840

注：所有回归均聚类于企业层面，括号内为聚类标准误；*、**、***分别表示10%、5%和1%的显著性水平。

三、异质性讨论

企业市场化差异程度和银行业竞争差异化程度都可能会使央行对绿色信贷担保品扩容的政策对企业融资约束的实施效果产生异质性影响。由于央行通过将绿色信贷工具纳入 MPA 框架和 MLF 担保品范围，为银行提供中期基础货币，不仅是对银行积极推广绿色信贷业务的激励措施，更是通过适当降低银行资金成本进而来降低企业融资成本，向市场释放出更多关于绿色转型的利好信号。该结构性货币政策调整的明确指向是绿色低碳领域，且当前大多数银行和公司是否积极履行环境社会责任的动机除了自觉的环保和社会责任意识以外，还出于经济资源和市场导向对自身发展的影响。所以，公司所处地区的市场化环境和银行业发展情况都是决定央行货币政策调整是否顺利的重要外部环境。因此，本章将围绕在地区市场化程度异质性和银行业竞争度异质性的环境下央行对绿色信贷担保品扩容政策对绿色企业和棕色企业融资约束效应的影响效果进行进一步分析。

（1）地区市场化程度异质性讨论

我国不同区域间的发展不平衡，不同地区的市场化进程和发展水平的差异较为明显。一般而言，在市场化进程较快的区域，其绿色政策实施所处的外部环境和制度环境完善得越好。银行为了获得良好的社会声誉和央行提供的更多便利优惠支持，其积极发放绿色贷款的自主意识更强；市场化程度越高的地区，对支持企业绿色转型的其他配套惠企助企政策体系较为完善，有利于绿色企业在绿色信贷政策的支持下维持自身可持续发展的竞争优势，也可以助力棕色企业加速绿色转型的步伐。因此本章主要考察在处于不同市场化程度环境中，央行对绿色信贷担保品扩容政策对绿色企业和棕色企业融资约束效应的影响效果。本书采用王小鲁等（2021）编制的市场化指数衡量地区市场化程度，按照年度中位数将棕色研究样本和绿色研究样本划分为低市场化程度组和高市场化程度组分别进行回归。结果如表 6.7 所示。对于棕色企业来说，不管是在何种程度的市场化环境中，央行对绿色信贷担保品扩容政策的实施对企业融资约束问题没有发生显著性影响，但是对于绿色企业来说，关键变量的系数为负，在低市场化程度的地区不显著，但是在高市场化程度的地区，该政策实施对绿色企业的纾困效应较为显著，政策实施效果相对较好，支持了上述推测。

表 6.7　地区市场化程度异质性回归结果

变量	（1）	（2）	（3）	（4）
	cashhold		cashhold	
	低市场化程度	高市场化程度	低市场化程度	高市场化程度
	棕色企业		绿色企业	
post2	-0.081	0.018		
	(0.058)	(0.023)		
mpa-brown	0.036**	0.031		
	(0.013)	(0.020)		
post3			-0.122	-0.274**
			(0.088)	(0.094)
mpa-green			0.032	0.127**
			(0.017)	(0.042)
CF	0.240***	0.140***	0.222***	0.156***
	(0.022)	(0.019)	(0.019)	(0.020)
_cons	-0.708***	-0.863***	-0.694***	-0.877***
	(0.143)	(0.233)	(0.141)	(0.236)
控制变量	Yes	Yes	Yes	Yes
企业固定效应	Yes	Yes	Yes	Yes
时间固定效应	Yes	Yes	Yes	Yes
观测值	4931	5073	4931	5073
R-squared	0.1151	0.0828	0.1132	0.0839

注：所有回归均聚类于企业层面，括号内为聚类标准误；*、**、*** 分别表示 10%、5% 和 1% 的显著性水平。

（2）区域银行业竞争程度异质性讨论

由于我国当前的金融体系仍然是以银行业为主导，所以，地区银行业的竞争程度也反映了该地区金融行业的发展状况。银行业竞争程度越高的地区，银行相关政策支持的行业企业的融资成本也就越低，信贷可得性越强，银行资产配置效率越高，尤其是在央行新型结构性货币政策调整对银行的激励影响下，银行会有更大的动力对优质的绿色企业提供授信服务，其绿色信贷业务完善和推广程度决定了其在行业竞争过程中的绿色担保品绝对优势，进而得到央行的优惠奖励性货币支持越多。在这个过程中，企业会更加注重收集和挖掘企业信息，能够精准识别绿色企业和棕色企业，优化金融资源的合理配置，高效疏解绿色企业的融资约束问题，有利于提升企业减污降碳绩效。本章的银行业竞争程度指标采用了工农中建交五家国有大型商业银行的分支机构数占该地区所有银行分支机构数的比重之和（彭俞超和马思超，2022），按照年度中位数将棕色企业和绿色企业划分为低银行业竞争程度组和高银行业竞争程度组分别进行回归，结果如表6.8所示。对于棕色企业来说，不管是在何种银行业竞争程度下，央行对绿色信贷担保品扩容政策的实施对企业融资约束情况没有发生显著性影响，但是对于绿色企业来说，在高银行业竞争程度的地区，该政策的实施有效降低了绿色企业的现金—现金流敏感度，提高了绿色企业的融资可得性，达到了预期的政策实施效果。

表6.8　银行业竞争程度异质性回归结果

变量	（1）	（2）	（3）	（4）
	cashhold		cashhold	
	低银行业竞争程度	高银行业竞争程度	低银行业竞争程度	高银行业竞争程度
	棕色企业		绿色企业	
post1	−0.055	−0.060		
	(0.045)	(0.063)		
mpa-brown	0.031*	0.053*		
	(0.014)	(0.024)		
post2			−0.048	−0.363**
			(0.132)	(0.171)
mpa-green			0.063**	0.003
			(0.021)	(0.064)
CF	0.190***	0.217***	0.116***	0.211***
	(0.023)	(0.033)	(0.019)	(0.032)

变量	(1)	(2)	(3)	(4)
	cashhold		cashhold	
	低银行业竞争程度	高银行业竞争程度	低银行业竞争程度	高银行业竞争程度
	棕色企业		绿色企业	
_cons	-0.654^{**}	-1.018^{***}	0.005	-5.756^{***}
	(0.202)	(0.207)	(0.078)	(0.715)
控制变量	Yes	Yes	Yes	Yes
个体固定效应	Yes	Yes	Yes	Yes
时间固定效应	Yes	Yes	Yes	Yes
观测值	4730	3925	4730	3925
R-squared	0.0898	0.1058	0.1132	0.0839

注：所有回归均聚类于企业层面，括号内为聚类标准误；*、**、***分别表示10%、5%和1%的显著性水平。

四、影响机制分析

根据前文的理论分析可以得出，异质性企业在受到了绿色信贷政策的冲击后，在银行信贷资金可得性降低的情况下，可能会通过融资渠道的调整来缓解自身的融资约束问题。所以，本章将重点分析央行对绿色信贷担保品扩容政策的实施会如何影响棕色企业和绿色企业的融资渠道调整，棕色企业和绿色企业在当前的发展阶段如何改变自身的非信贷融资策略来获得资金支持。本章参考了江艇（2022）的研究方法，直接用核心解释变量对机制变量进行回归，构建了下面的机制检验模型（6.3），来分析绿色信贷政策实施对助企纾困效应的影响机制。

$$fincons_{it} = \beta_0 + \beta_1 CF_{it} + \beta_2 GMPA_{it} + \beta_3 GMPA_{it} \times CF_{it} + \beta_4 X_{it} + \mu_i + \lambda_t + \varepsilon_{it}$$

$$(6.3)$$

其中，$fincons_{it}$为本章的一系列机制变量，具体包括股权融资（StockFinance）、债券融资（BondFinance）、商业信用融资（BusinessCredit）。股权融资（StockFinance）指标采用企业股本与资本公积之和占期末总资产的比重来衡量；债券融资（BondFinance）指标采用企业应付债券和应付短期债券之和占期末总资产比重来衡量；商业信用融资（BusinessCredit）指标用企业应付账款占总负债比重（白雪莲等，2022），数据来源为Wind数据库。将这三个机制变量引入模型（6.3）中进行回归，回归结果如表6.9所示。从棕色企业的回归结果来看，棕色企业面临绿色信贷政策对其授信审批中实行"环保一票否决制"的融资约束收紧现状，为了维持其正常经营生产和节能减排活动所需的资金需求，棕色企业可能会通过减少其股权融资规模来减少其股权融资成本。同时，大多数棕色行业与国民基本需求息息相关，其生产和经营活动虽然受到一定程度的冲击，但是短期内还具有很大的盈利空间，其上下游企业仍会保持和该类企业的合作关系，给予一定的商业信用支持力度来维持其正常运营，棕色企业会加大商业信用的融资规模来缓解其融资约束。这两个结论验证了研究假说4a。从绿色企业的回归结果来看，绿色企业除了得到银行绿色信贷政策支持以外，在国家的隐性担保下，还可以通过发行相关的绿色债券和扩大商业信用融资规模来获得更多的资金来源，但由于绿色企业具有投资风险大、短期收益低、回报周期长等特点，使得其股权融资渠道受阻，不能通过该渠道来缓解其融资约束。该结论验证了研究假说4b。

表 6.9　异质性企业不同融资渠道的回归结果

变量	(1) StockFinance	(2) BondFinance	(3) BusinessCredit	(4) EquityFinance	(5) BondFinance	(6) BusinessCredit
	棕色企业			绿色企业		
post1	-0.034*** (0.011)	0.001 (0.010)	0.020*** (0.007)			
mpa-brown	0.009 (0.008)	-0.008 (0.006)	0.007 (0.006)			
post2				-0.073** (0.054)	0.024* (0.013)	0.059*** (0.022)
mpa-green				-0.003 (0.020)	-0.002 (0.006)	-0.000 (0.009)
CF	0.029** (0.013)	-0.018** (0.007)	0.005 (0.005)	0.015** (0.006)	-0.009* (0.005)	-0.001 (0.005)
_cons	1.565*** (0.385)	0.067 (0.149)	0.256*** (0.080)	1.791*** (0.117)	0.190*** (0.033)	-0.002 (0.041)
控制变量	Yes	Yes	Yes	Yes	Yes	Yes
个体固定效应	Yes	Yes	Yes	Yes	Yes	Yes
时间固定效应	Yes	Yes	Yes	Yes	Yes	Yes
观测值	11.017	3420	7283	11.017	3420	7283
R-squared	0.7644	0.5498	0.8752	0.7909	0.1383	0.5798

注：所有回归均聚类于企业层面，括号内为聚类标准误；*、**、***分别表示10%、5%和1%的显著性水平。

第三节　本章小结

　　银行部门作为我国金融资源流动配置的主导部门，银行信贷是公司外部融资方式的主要融资来源之一。而银行的绿色信贷金融工具的作用是支持环境改善、应对气候变化和资源节约高效利用的经济活动，即对符合标准的绿色低碳、节能环保的项目或企业的投融资、项目运营、风险管理等提供必要的金融支持。截至当前，中国的绿色信贷发行规模已居世界首位，其政策体系也经历了不同构建阶段中自上而下的政策引导和自下而上的实践经验积累、实践完善理论密切配合，形成了具有中国特色的绿色金融发展路径。从 2017 年开始，央行陆续将银行绿色信贷业务纳入宏观审慎框架和中期借贷便利担保品扩容范围，旨在实施稳健中性的货币政策，保持流动性合理稳定，引导货币信贷和社会融资规模平稳适度增长，以结构性货币政策调整的方式对绿色信贷政策进行系统性改革，为高质量发展和供给侧结构性改革营造适宜的货币金融环境，为国家实现"双碳·双控"目标、打赢三大污染防治攻坚战、实现减污降碳协同增效保驾护航。对于企业来说，决定其绿色转型进度和维持良好的环境绩效的首要条件是充足的资金供给，尤其是我国的绿色企业存在资本投入大、投资周期长等特点，在地理分布上呈现出东强西弱、南强北弱，大部分绿色企业因融资不足而导致资金链断裂的风险持续加大进而使其错失发展良机。因此，在此发展背景下，央行将绿色信贷资产纳入合格担保品框架在对银行发放绿色信贷产生激励作用、引导异质性企业减污降碳协同增效的同时，是否能够进一步疏解绿色企业的融资困境？而对棕色企业的融资约束是否有一定程度的收紧？异质性企业在该政策调整下又会如何选择其融资渠道？本章主要围绕这几个关键问题对绿色信贷在综合发展阶段的政策效应进行评估，并且通过构建相关实证模型来检验前文提出的研究假说。

　　本章基于 2013—2021 年中国 A 股上市公司的非平衡面板数据，以 2017 年作为关键时间节点，在验证了绿色信贷政策的综合发展阶段对微观企业的减污降碳绩效具有明显的协同增效后，构建现金—现金流模型，分别研究了央行绿色信贷担保品扩容政策的实施对绿色企业和棕色企业的融资约束情况影响，并通过构建投资—现金流敏感度模型和运用工具变量法对研究结论的稳健性以及模型可能存在的内生性进行了检验和讨论，最后对政策影响可能存在的异质性、政策实施过程中可能存在的传导机制进行了分析。实证研究发现：（1）央行对绿色信贷担保品的扩容政策能够有效提升异质性企业的减污降碳绩效，且进一步降低了绿色企业的现金—现金流敏感度，该政策有效缓解了绿色企业的融资约束困境，论证了研究假说 9。（2）通过敏感性测试和内生性讨论对基准研究结论进行了稳健性检验，检验结果证实了基准结论的可靠性。（3）在得出基准结论的基础上，本章进一步考察了地区市场化程度和银行业竞争程度对 2017 年央行担保品扩容政策的助企纾困异质性效应，研究发现，在高市场化程度和高银行业竞争程度的地区，该政策的实施对绿色企业的纾困效应较为显著。（4）本章主要讨论央行的绿色信贷担保品扩容政策在影响棕色企业和绿色企业融资约束效应的过程中，企业如何通过调整股权融资、债券融资、商业信用融资这三条机制渠道来缓解其融资约束。研究发现，棕色企业可能会通过减少其股权融资规模来减少其股权融资成本。同时会加大商业信用的融资规模来缓解其融资约束。该结论验证了研究假说 4a。此外，绿色企业在得到了银行绿色信贷资金支持以外，还可以通过发行相关的绿色债券和扩大商业信用融资规模来拓展更多的融资渠道，该结论验证了研究假说 4b。

综上所述，伴随着我国新发展阶段从过渡期进入了开局期，中国对绿色信贷政策的完善也进入了综合发展阶段，该阶段央行对完善绿色信贷政策的标志性举措就是将银行的绿色信贷业务绩效考核纳入了 MPA 评估框架，同时将绿色信贷金融工具扩充到 MLF 央行担保品范畴，这一政策的实施很好地疏解了绿色企业的融资困境，即使银行对棕色企业的信贷约束收紧效果不明显，但是实证结果也能说明棕色企业在央行结构性货币政策的明确指向下，银行没有对其表现出一定的投资偏好。这些结论可以反映出央行通过银行向企业传递差异化放贷信号将为央行担保品类绿色信贷政策对绿色企业和棕色企业形成融资激励和倒逼转型的效果来助力企业提升减污降碳水平，通过对银行的激励来进一步强化其对微观层面绿色转型的助推效果，以新型货币政策担保品调整的灵活性来有效实现新发展格局下协调推进结构性去杠杆到稳杠杆的过渡。

第七章 研究结论与展望

第一节 主要研究结论

本书根据中国不同阶段绿色信贷政策的提出背景和宏观经济发展需求，探讨了在我国绿色信贷政策体系构建所处的三个阶段中，绿色信贷政策的实施对经济可持续发展的贡献力度。因此，本书的研究重点聚焦于绿色信贷政策实施对异质性企业减污降碳绩效的政策实施效果，并对不同政策优化完善过程中可能存在作用机制进行实证考察。

首先，本书将我国 282 个地级市的 A 股上市公司作为研究样本，基于 NN-DDF 模型分别测算了微观企业的减污降碳绩效。其次，将研究时间窗口对应到绿色信贷政策实施所处的不同阶段，分别以各个阶段的标志性政策出台视为一次准自然实验，来评估在绿色信贷政策不断完善过程中，绿色信贷政策的实施对棕色企业和绿色企业减污降碳绩效的异质性影响，并进一步考察了在绿色信贷综合发展阶段对绿色企业融资约束效应。最后，对绿色信贷政策实施过程中可能的宏观和微观层面的影响机制和传导渠道进行了相关讨论。

本章主要总结了前文不同阶段的绿色信贷政策实施对异质性企业减污降碳效应和助企纾困效应的影响效果和影响途径的研究结论；接下来围绕研究结论提出基于宏观角度和微观角度的政策建议；最后对本书涉及的研究不足以及未来的研究方向进行总结归纳。

综上所述，本书主要研究结论如下：

第一，2007 年的初始绿色信贷政策旨在激励和促进提升异质性企业的减污降碳绩效发挥金融部门的引导作用，其标志性政策《关于落实环保政策法规防范信贷风险的意见》的实施效果表明：

（1）环保信贷政策的实施有助于提升棕色企业的碳排放绩效和绿色企业的工业粉尘排放绩效和工业 SO_2 排放绩效，在对这两类企业的工业废水排放绩效没有凸显出政策效果的同时，反而抑制了棕色企业工业粉尘排放绩效和工业 SO_2 排放绩效。

（2）在该政策实施效果异质性分析结果中发现，对于不同发展程度的区域来说，在一线城市，环保信贷政策只对碳排放绩效有显著的提升效应，但是对主要污染物的排放绩效没有凸显出政策效果。但是在一线城市的绿色企业在环保信贷政策的影响下，对碳排放绩效和工业粉尘排放绩效以及工业 SO_2 排放绩效有显著的提升效果；在二线城市和三线及其他城市中，环保信贷政策对棕色企业减污降碳绩效没有体现出预期的提升效果，但二线城市绿色企业的主要污染物排放绩效的政策效应系数显著为正，三线城市绿色企业组的工业粉尘排放绩效和工业 SO_2 排放绩效的政策效应系数显著为正。

（3）在讨论企业的污染治理方式异质性时研究发现：在以末端治理方式为主的棕色企业中，环保信贷政策的实施不仅没有体现出对企业减污降碳绩效的提升效果，反而对该类企业的减污降碳绩效体现出一定程度的抑制作用，但以前端治理方式为主的棕色企业关于碳排放绩效有显著的正向政策效应。与棕色企业相比，绿色企业主要环境治理方式是以前端治理方式为主，且在环保信贷政策的资金支持下，有效提升了企业的碳排放绩效和工业粉尘排放绩效以及 SO_2 排放绩效，该情况一方面说明了环保信贷政策对绿色企业减污降碳绩效的有效性，另一方面也说明了前端治理相比于末端治理会更加有益于企业的减污降碳效应。

（4）在讨论环保信贷政策与同期同种性质的环保政策工具协同效应时，研究发现：SO_2 排污权交易试点政策和环保信贷政策的协同实施会带来棕色企业 SO_2 排放绩效和工业粉尘排放绩效的协同增效，而且对绿色企业的碳排放绩效起到了正向促进的作用；排污费征收上调政策和环保信贷政策的组合实施会带来棕色企业主要污染物排放绩效的协同增效，但对碳排放绩效没有提升效果。该政策组合对绿色企业的减污降碳效果没有起到提升效果之外，反而对工业废水排放绩效和碳排放绩效起到了一定的抑制作用。上述结论说明，在我国工业化进程的中后期阶段，中国初始绿色信贷政策实施在发展环境下对企业的减污降碳绩效产生了一定程度的正向促进作用，虽然异质性企业间、工业排放物之间的减污降碳效应没有体现出协同增效效果，但是部分研究结论也说明了即使在前期发展阶段中由于内外因素和环境导致的政策效应不突出，但也起到了良好的开端作用。

第二，中国绿色信贷政策的发展阶段正处于我国国民经济和社会发展第十二个五年规划期，作为国家首次要求银行部门制定专门的授信指引的纲领性文件，2012 年出台的《绿色信贷指引》的质变相比于 2007 年的环保信贷政策，该阶段的绿色信贷政策体系初显具有约束力管理办法的雏形，规范了银行的信贷决策与企业的环境绩效，对商业银行的公司治理与信贷风险管理流程提出了更高的要求，为我国建设具有中国特色的绿色信贷标准体系奠定了基础，对银行的授信放贷施加了实质性压力。研究表明：

（1）绿色信贷指引政策的实施有效提升了棕色企业和绿色企业的减污降碳协同增效，说明了绿色信贷政策的发展阶段有利于棕色企业绿色转型，绿色信贷指引对绿色企业减污降碳绩效的执行效力相比于 2007 年的环保信贷政策更有效率，也说明了我国绿色信贷政策效果呈现出了较好的延续性，碳排放和主要污染物的排放绩效也逐渐呈现出递进式协同增效的良好态势。

（2）从地区绿色金融发展水平异质性来看，绿色信贷指引的实施使得棕色企业的碳排放绩效在高绿色金融发展水平的地区正向影响较为显著，此外，无论地区绿色金融发展水平处于何种状态，绿色信贷指引政策均会有效促进棕色企业的工业废水排放绩效和工业粉尘排放绩效，但是高水平地区的影响效应要大于低水平地区。对于绿色企业来说，绿色信贷指引政策的实施对企业减污降碳绩效的提升效果均体现在高绿色金融发展水平地区，说明了绿色企业的可持续发展目前仍然需要有利的绿色金融环境作为基本条件，在绿色金融发展水平较低的区域，绿色信贷指引对绿色企业的政策效应仍然受到一定程度的制约。

（3）从行业要素密集度异质性来看，政策对资本密集型行业棕色企业的碳排放绩效、工业粉尘排放绩效、工业 SO_2 排放绩效有一定的提升效果，而对主要污染物排放绩效没有产生政策效应，同时对劳动密集型行业的棕色企业主要污染物排放绩效产生了负向影响。政策对资源密集型行业和资本密集型行业的绿色企业的碳排放绩效产生了正向影响，对处于资本密集型行业的绿色企业的工业废水排放绩效具有显著的提升效果，同时也对劳动密集型行业绿色企业的主要污染物的排放绩效产生促进效果。

（4）从行业竞争度异质性来看，在棕色企业中，绿色信贷指引政策的实施对低竞争程度企业的碳排放绩效和工业粉尘排放绩效有一定的提升效果，对高竞争程度企业的工业粉尘排放有更大的政策效应，且对 SO_2 排放绩效有一定的提升效果。在绿色企业中，绿色信贷指引政策的实施对两种竞争程度的企业的 CO_2 排放绩效均有提升效果，但是在低竞争程度的效果更好，同时对高竞争程度行业企业的工业废水和工业 SO_2 的排放绩效有正向影响。

（5）绿色信贷指引政策在不同的场景下，可能会通过企业数字化转型的调节效应、金融资源配置和绿色技术创新溢出的机制传导效应、宏观环境监管门槛效应、同期同质政策协同效应这几条影响机制和渠道来有效提升棕色企业和绿色企业的减污降碳绩效，为如何有效发挥绿色信贷政策对企业减污降碳绩效的正向影响提供了有益的政策思考和微观经验证据。上述结论表明，在绿色信贷政策的不断完善下，棕色企业和绿色企业的减污降碳绩效实现了很大程度的提升，也呈现出了排放产物之间的协同增效，但是一些特定发展环境中，绿色信贷政策工具的运用仍然离预期效果存在一定的差距，绿色信贷政策的调整方向除了对银行施加行政压力的方式之外，也需要相关的激励机制来实现参与者的"激励相容"。

第三，从 2017 年开始，央行陆续将银行绿色信贷业务纳入宏观审慎框架和中期借贷便利担保品扩容范围，旨在实施稳健中性的货币政策，保持流动性合理稳定，引导货币信贷和社会融资规模平稳适度增长，该政策性质不同于之前的绿色信贷政策，其政策出发点更多地体现在对银行绿色信贷业务开展的激励和为金融行业支持绿色发展释放更多积极信号。通过考察该政策对企业融资约束效应的影响情况，具体得出了以下结论：

（1）央行对绿色信贷担保品的扩容政策能够有效提升异质性企业的减污降碳绩效，且进一步降低了绿色企业的现金—现金流敏感度，该政策有效缓解了绿色企业的融资约束困境。

（2）在考察了地区市场化程度和银行业竞争程度对 2017 年央行担保品扩容政策的助企纾困异质性效应中发现，在高市场化程度和高银行业竞争程度的地区，该政策的实施对绿色企业的纾困效应较为显著，对棕色企业的融资约束效应没有产生显著影响。

（3）央行的绿色信贷担保品扩容政策在影响棕色企业和绿色企业融资约束效应的过程中，企业还会通过调整股权融资、债券融资、商业信用融资这三条非信贷融资渠道来缓解其融资约束。研究发现，棕色企业可能会通过减少其股权融资规模来减少其股权融资成本。同时会加大商业信用的融资规模来缓解其融资约束。此外，绿色企业在得到了银行绿色信贷资金支持以外，还可以通过发行相关的绿色债券和扩大商业信用融资规模来拓展更多的融资渠道。

综上所述，本章归纳总结了本书的重要研究结论有以下几点：

（1）随着绿色信贷政策的不断优化和完善，绿色信贷政策工具对绿色企业的减污降碳绩效体现出协同增效的政策效果，对棕色企业虽然也呈现出了减污降碳协同增效影响，但对工业 SO_2 排放绩效的提升效果不显著。

（2）从不同阶段对应的机制渠道在绿色信贷政策对异质性企业减污降碳绩效提升过程中的影响情况来看，对于棕色企业来说，SO_2 排污权交易—环保信贷政策组合可以有效提升其工业 SO_2 排放绩效，排污费征收上调政策—环保信贷政策对棕色企业主要污染物排放绩效有明显的提升效果，绿色信贷政策可以通过影响金融资源的间接配置效应、行业间的绿色技术溢出效应来提升其减污降碳绩效。绿色信贷政策实施没有对棕色碳交易控排企业的碳排放绩效产生预期的政策效果，但是对工业 SO_2 排放绩效起到了同质政策协调下的叠加效果，有效解决了单一绿色信贷政策对工业 SO_2 排放绩效不显著的问题；对于绿色企业来说，SO_2 排污权交易—环保信贷政策组合对其碳排放绩效起到了正向促进的作用，但是排污费征收上调政策和环保信贷政策的协同实施对绿色企业的减污降碳效果没有起到提升效果之外，反而对工业废水排放绩效和碳排放绩效起到了一定的抑制作用；此外，绿色信贷政策通过金融资源的直接配置效应的正向作用、在行业内和行业间，尤其是行业内的绿色技术溢出效应来深化其对绿色企业减污降碳绩效的政策效果；绿色金融试点地区内绿色信贷政策的实施只对其碳排放绩效有显著的正向效果；对于两类企业来说，企业数字化转型的调节效应、适度的地方环境污染源监管水平均可以有效提升绿色信贷政策实施下的企业的减污降碳绩效。

（3）中国绿色信贷政策的实施对于企业的减污降碳绩效的政策影响存在明显的宏观、微观、中观异质性，政策实施影响正负与否很大程度上取决于企业所处的环境。

（4）央行通过结构性政策的调整，将银行的绿色信贷资产纳入新型货币担保品范畴来形成对银行推广绿色信贷的激励机制，对绿色企业的融资约束困境起到了较好的纾困效应，棕色企业在受到信贷配给资金约束的情况下，会通过棕色企业加大商业信用的融资规模来获得资金支持，加快其绿色转型的速度。

第二节　政策建议

基于主要章节的研究结论，本书发现，我国绿色信贷政策的落地实施为绿色企业的发展提供了有力的资金保障，为棕色企业加筑了信贷融资壁垒，形成了国家—银行—企业层层递进、自上而下与自下而上的方式来实现多个主体多目标的激励相容机制，来共商共建绿色信贷政策体系，进而助力我国"双碳·双控"的实现和经济可持续发展。因此，本书基于前文得出的我国阶段性绿色信贷政策实施对企业减污降碳绩效的影响效果和影响渠道的主要结论，提出新发展阶段特征与现实相契合的几点政策建议。

一、强化各主体在绿色信贷政策实施过程中的角色定位

绿色信贷政策工具作为中国绿色金融体系中成熟度最高的金融产品，一直从其政策体系初建以来就保持着蓬勃发展的态势，微观和宏观层面的生态环保效益协同增效与否决定了其政策体系的优化方向，绿色信贷政策影响下的生态环保效益的提升需要"自上而下"与"自下而上"各主体间的有效配合，本书通过研究发现，绿色信贷政策的执行和落实程度不仅仅是依靠国家的大力倡导，更重要的是银行与企业在整个绿色信贷资源配置过程中如何明确主体定位来获得绿色资金。因此，各主体应通过以下几点来强化其绿色信贷政策实施过程中的优化参与意识，积极履行各自环境社会责任。

第一，国家和地区政府层面，需积极引导各地区加快确立统一科学的绿色信贷授信标准，加大业务信息披露，强化风险管控能力。首先，国家应借助地方政府和其金融部门的"推""拉"合力，完善并推广国家发展战略目标与地区发展特征相契合的绿色信贷产品，督促各地方完善第三方专业认证机构的准入机制，使绿色信贷政策的实施达到因地制宜的效果；尽管我国在核定绿色信贷授信标准已出台了多部文件，但是这些标准之间存在着绿色项目分类和绿色项目范围不一致的问题。目前央行和发改委都推出界定绿色项目目录和标准，但是这些目录和标准由于对绿色清洁的界定上存在较大差异，缺少一个科学、统一和权威的绿色项目评估方法体系，国家需要加快制定各部门间、央行和地方银行部门统一对绿色信贷授信标准和原则，细化并明确绿色产业目录中的绿色项目的授信资格，便于银行有效识别企业漂绿和洗绿行为，缩小与国际绿色信贷标准差距。其次，加快规范和保证第三方认证机构的权威评估认证资质来确保绿色项目认证的科学性和准确性，国家需要强制要求绿色项目的第三方认证评估，确保绿色项目融资资金专款专用，提高绿色资金运用情况的透明度。最后，完善绿色信贷配置投向信息披露配套机制和法规。2012年的绿色信贷指引政策要求银行业对自身的绿色信贷业务环境效益进行充分披露，但是部分银行机构仍然存在绿色信贷业务和环境社会责任信息披露不充分的问题，国家应制定明确银行披露绿色贷款投向信息和不良贷款情况的政策法规，以法律来约束银行按照国家金融监管部门的要求，重点统计、分析绿色信贷余额和比重、违约率、绿色信贷资产分布和质量，以及绿色贷款的环境效益等信息，要求银行按期开展环境与社会

风险自评估并公开评估结果，加大对银行绿色信贷业务信息披露的监管力度。

第二，银行层面，优化自身绿色信贷资源职能，持续推进地区信贷结构优化调整工作。首先，根据绿色信贷投放标准和第三方评估的结果来适度提高企业贷款的"绿色"门槛，以期在遏制高能耗、高污染、高排放的棕色产业盲目扩张和实现绿色信贷资源最优配置的同时，合理引导社会资本向清洁低碳领域倾斜，通过灵活调整差异化贷款利率来收紧棕色企业融资可得性，反向激励棕色企业加快绿色转型的速度。其次，银行需加快构建稳定精确的绿色金融信息系统和大数据平台。通过金融科技手段完善绿色信贷业务监督评估渠道，精准追踪绿色信贷资金流动去向，确保绿色信贷资金与优质绿色项目有效对接，对重点控排企业的信贷申请需严格把关，必要时采取限贷和不贷的措施，有效规避由环境不确定性引发的金融风险。同时运用大数据技术对各类绿色产业目录下的绿色项目进行精准分类和细化，从而制定出符合国家和地区绿色信贷市场通用统一的绿色项目授信标准，同时结合属地管理原则，对行政区域内的绿色项目由该区域内的金融部门和环境管理部门以及相关部门统一认定并纳入绿色项目数据库，有利于明确各部门在绿色项目推进过程中的权责共担。最后，增强绿色信贷业务的商业可持续发展机制，国家和地方政府需对各银行贷前环境认证、企业绿色清洁技术检测和贷后监督等系列配套措施提供相关的政策和资金支持，来完善绿色信贷对银行推广绿色信贷业务的激励机制，使得银行将开展绿色信贷业务外部性成本内部化，使得绿色信贷真正获得商业可持续发展的内生动力，来有效削减银行在此过程中损耗的沉没成本。

第三，企业层面，对于棕色企业来说，拓宽对关于企业绿色转型前瞻性和全局性战略眼界，尤其是重点控排企业应该将履行环境责任和强化环保责任意识纳入企业文化中，结合自身发展情况制定阶段性减排目标，同时加大将债券融资和商业信用融资获得的非信贷资金投入环境治理、绿色研发和技术引进中的力度，加强与绿色企业间的生产和技术交流合作，一些绿色转型取得长足进步的棕色企业可以通过积极开发绿色项目和研发低碳清洁技术来提高获取绿色信贷的可得性。对于绿色企业来说，企业应该牢牢把握国家重大发展战略下的绿色信贷政策福利，利用信贷优势来提升自身绿色技术水平和相关专业人才的引进，将资金运用到满足消费者绿色消费需求的产品生产和经营活动中，进而提升自身在未来行业竞争中的核心竞争力和盈利能力，抢占绿色市场先机。

二、建立内外多主体多目标协同外部机制

第一，从国家和地区政府层面来说，当前我国关于减污降碳的主要任务是在短时间内承诺实现"双碳"目标和打赢污染物防控攻坚战，各地区政府应依托国家重大发展战略指明的发展方向和总体目标，适度扩大用于支持绿色产业发展的直接财政支出，如设立"节能减排补助资金""可再生能源发展专项资金"等节能减排财政专设项目。同时，地方政府还需要贯彻落实针对减污降碳领域所制定的一系列税收优惠激励性政策和引导性政策，为地区绿色信贷金融工具有效发挥减污降碳政策效应营造良好的制度环境；在重点污染物减排方面在倡导经济区域间的联防联控之外，还要注重绿色信贷政策与其他环保专项政策（尤其是主要污染物的控排政策）之间的组合优化，前文提到绿色信贷政策实施没有对棕色碳交易控排企业的碳排放绩效产生预期的政策效果，说明了这两类政策的实施主体的相关部门间存在多部门职责交叉问题，国家需要在多种同类政策并行时对部门职能交叉、管理重叠、服务盲区等进行梳理认定，制定部门职责边界清单，优化各部门协作配合流程，构建主办部门牵头、相关部门协调配合、任务分工明晰、工作流程完善的工作机制，提高主办部门协调、调度各方的实际能力，通过实质性惩罚措施来进一步传导责任压力，推动各部门履职担当。此外，在借助政府和金融部门合力推进宏观环保目标和地区绿色转型的过程中，地方政府应该减少政府对不可持续状态下的微观个体的不当干预和扶助，切实保障市场机制对经济资源的有效配置，最后，要加大可持续发展理念和绿色转型信号在资本市场中的传递，在一定程度减少非信贷融资规模较大的"三高"企业的外部性融资可得性，从而减少棕色企业替代性融资行为对减污降碳绩效的负面影响。

第二，银行层面，在发放绿色项目专项贷款时需明确本区域的重点环境问题和环保目标，切实保证相关绿色项目中的绿色技术研发投入资金的正常运转，有效发挥出绿色信贷政策对绿色技术变革和绿色市场竞争机制的助推作用；各银行部门要灵活运用大数据技术，通过比较企业披露的相关信息并按照相关标准的达标率来确定绩优绿色企业名单，领先本地同行快速构建绿企资源池，与环保部门共同构建绿企客户资源池中的企业的相关信息库，在环保部门的监督协调配合下，高效低成本推进贷中审查和贷后管理的流程，提高自身在本区域内的银行竞争水平，为支持减污降碳提供优质的绿色金融服务，为市场释放出更多的绿色融资偏好信号；银行可以通过丰富和完善绿色信贷产品与服务以及扩大企业环境担保品范围的方式来提升绿色信贷

金融产品质量进而降低银行的信用风险（安全性提高）、补偿风险（盈利能力和流动性提高）和声誉风险（增长和竞争力提高）。结合前文分析，当前的银行的绿色信贷政策工具要加大对资源密集型行业中绿色项目的倾斜力度，以及加大对涉及工业废水和工业 SO_2 减排控排的绿色项目的资金支持，进而有效提升减污降碳之间的协同增效水平，同时还要注重与其他绿色金融工具间的协调互补，提升区域整体的绿色金融发展水平。

第三，结合前文分析，企业可从以下几个方面在绿色信贷政策影响下来提升自身的减污降碳绩效：（1）在资金配置方面，棕色企业可以在短期内拓宽商业信用融资渠道，现阶段可将非信贷融资来作为环境治理投入的主要来源，对于非信贷融资效率较高的棕色企业可以加大对前端治理的环境治理投入；（2）在提升绿色技术水平方面，由于绿色技术的研发具有投入大、周期长，不确定性因素多等特点，棕色企业在短期内实现绿色技术的突破需要承担巨大的时间和资金成本和不确定风险，所以企业可以利用行业间的绿色技术溢出效应，不仅可以缩小自身的绿色技术水平差距以达到节能减排的目的，还可以弥补由绿色技术投入不确定引发的资金缺口，依托绿色技术转移转化的市场交易体系和知识产权保护制度，通过绿色专利交易和转让来实现异质性企业之间的绿色创新优势互补，推动绿色创新资源有效配置；（3）企业应加快自身的数字化转型进程，应利用数字化技术赋能企业减污降碳绩效的提升，绿色企业和棕色企业除了可以利用大数据、云计算、区块链等技术加强环境信息披露来构建符合国家规定和部门标准的环保信息披露系统之外，还要利用大数据平台进行"精细化"管理，对企业的粗放式生产模式进行清洁化改造，降低企业生产能耗，提高其柔性化生产能力和资源使用效率，畅通数字化转型向企业节能减排的传导机制。同时，通过信息共享平台来促进企业间的交流和协作、获得更多投融资机会，以数字化技术赋能企业间的绿色转型协调机制进而实现行业和地区的数字化转型和节能减排的增质提效。

三、优化和创新绿色信贷金融支持工具

在当前"双碳"目标以及"创新结构性货币政策工具、引导金融机构优化信贷结构"的政策背景下，考虑到了绿色信贷资产的质权和稀缺性，央行依托绿色担保品扩容政策为银行绿色业务评估并提供激励约束考核机制，在对银行激励的同时也有效缓解了绿色企业的融资约束问题，但结合我国新发展阶段的特征，银行部门的绿色信贷政策工具需在以下几个方面进行改进。

第一，央行在践行绿色信贷担保品扩容政策时，应将对银行的优惠利好

落于"双碳"战略目标和三项污染物防治攻坚战引导的标的领域内，适度对 CO_2 重点区域和三项主要污染物重点防控区域内的评估达标的商业银行提供更低成本资金支持、享受资产风险权重调降等政策福利，通过加大政策倾斜力度来分担重点区域内银行和企业的减污降碳压力，为银行绿色信贷业务的优化和推广建立健全长效的保障机制。

第二，绿色信贷资产纳入 MLF 合格担保品扩容范围时可能会存在一定程度的操作风险和信用风险，央行需要进一步加快货币政策担保品风险防范制度建设，如设立统一、规范、权威的内部评级体系，根据各地区银行绿色信贷金融工具的种类和期限来设定合适的折损率等措施来有效防范期限错配下的金融风险，从而更好地调整新型创新型货币政策担保品框架下结构性杠杆。

第三，从金融资源配置效率的全局出发，央行需注重绿色信贷调节资源配置的职能，积极缓解因绿色项目认定标准不统一下的"一刀切"措施导致的信贷资源错配被低效率企业或大量"漂绿"企业占据的现象，在合理有序淘汰不可持续的棕色企业的同时，引导银行向激励高效率绿色转型的棕色企业的绿色项目释放信贷资源可得性信号。

第四，丰富异质性激励约束金融支持工具，加速释放政策红利。当前实现"双碳"和"双控"目标时同样需要关注重工业行业的转型发展。央行和环保部门以及国家发展改革委在推动绿色低碳循环发展的新时代新征程下，必须平衡好非化石能源持续增长和化石能源控量降碳的增速问题，不能简单地采用"揠苗助长"和"鞭打快牛"的方式提升棕色企业的转型速度。央行应适当增加银行体系可持续发展信贷资金来源，对满足特定绿色信贷业绩评价要求的法人银行机构实施绿色信贷再贷款支持等制度安排。丰富精准利率调控、结合结构性货币政策种类，如积极推出碳减排支持工具、煤炭清洁高效利用专项再贷款等。此外，在新旧动能转换的过程中，绿色金融作用是提质量，转型金融的作用则是稳增速。央行需加快构建转型金融政策体系，为碳密集行业和棕色资产绿色低碳转型提供投融资便利性和可得性，加大支持碳密集行业的清洁低碳转型项目，通过发展更清洁的能源或开发更低碳的技术实现逐步过渡，保障可持续发展和碳减排目标的分阶段实现。地方银行层面，也需要丰富绿色信贷工具的类型来提高绿色信贷工具的灵活性，积极构建地方转型金融与绿色金融高效协同体系，与转型金融工具形成减污降碳合力，这对于寻找新发展格局下绿色信贷政策体系优化的着力点具有重要的现实意义。

第三节　研究不足与研究展望

一、研究不足

在研究方法方面，尽管本书借鉴前沿权威文献测算了微观层面的减污降碳绩效，在一定程度上纠正了传统环境绩效测算模型对生产前沿设定的偏误，保证了上市公司减污降碳绩效测算结果的可靠性，但研究样本选取所导致的随机误差可能无法剔除。因此，本书在后续的研究中会继续考察如何改进测算方法。有效控制或者削弱样本随机误差对测量结果带来的干扰。

在数据选取方面，囿于微观数据的披露信息和披露年份较少，同时上市公司披露的财务信息和行业信息较为全面，且从上市公司的规模和行业分布的角度考虑，上市公司的相关数据覆盖了棕色行业和绿色行业，且《中国上市公司碳排放排行榜（2022）》中的前 100 家高碳排放上市公司在 2021 年度的 CO_2 排放量合计约 51 亿吨，超过当年全国碳排放总量的 45%，与现阶段全国碳市场覆盖的排放规模相当，所以将上市公司作为研究样本具有一定的代表性。但是由于上市公司中的环境信息披露较少，且年份不全，本书测算相关指标时选取了很多代理指标，无法精确估算出企业真实的 CO_2 和主要污染物的排放情况，仅在我国上市公司层面考察了绿色信贷政策的实施对其减污降碳绩效改善的政策效应。鉴于微观层面的减污降碳效应相关问题可随着中国工业企业数据库和中国绿色发展数据库的不断更新可进行深入探讨，能够更精确地使用微观企业实际排放数据来对减污降碳绩效进行测算，同时还能考察绿色信贷政策对其他中小工业企业的影响效果和助企纾困情况。因此，考察绿色信贷政策对中国工业企业减污降碳绩效的影响情况也应该成为后续研究值得努力拓展的一个重要方向。

二、研究展望

基于本研究的局限性以及可能的贡献，还存在一些有待完善和拓展的地方：

第一，研究视角方面，本书只考察了以绿色信贷政策为主要代表的绿色金融政策工具对棕色企业和绿色企业减污降碳绩效的影响情况。鉴于棕色企业的绿色转型速度决定了中国整体新发展阶段绿色转型质量，从当前发展阶段的现实角度出发，转型金融相比于绿色金融对企业减污降碳绩效的提升效果会更好，能够加速提升经济高质量发展速度，助力棕色企业循序渐进实现绿色转型。所以，笔者将在下一阶段对绿色金融的其他金融政策工具，以及转型金融与绿色金融之间的协调配合对棕色企业环境绩效的影响展开相关研究和讨论。同时，本书只探讨了阶段性绿色信贷政策的实施情况对企业减污降碳绩效的影响效果和作用路径，而没有对绿色信贷政策体系展开进一步深入和细致的讨论，笔者将在下一阶段对绿色信贷政策体系构建对企业和企业的可持续发展展开详细和充分的研究。

第二，研究样本方面，本书也测算了地级市层面的减污降碳福利绩效和绿色金融发展指数，限于篇幅和研究重点，没有继续在文章中展开，下一阶段笔者将在区域层面探讨我国绿色金融体系构建对地区减污降碳福利绩效的影响，这对如何在我国人与自然和谐共生的中国式现代化发展理念下优化我国绿色金融政策体系构建具有重要的现实意义。

参考文献

[1] 巴曙松，白海峰，胡文韬．金融科技创新、企业全要素生产率与经济增长——基于新结构经济学视角 [J]．财经问题研究，2020（1）：46-53.

[2] 白雪莲，贺萌，张俊瑞．企业金融化损害商业信用了吗？——来自中国 A 股市场的经验证据 [J]．国际金融研究，2022（9）：87-96.

[3] 白崭，李雪林，唐青生．信贷利率向上波动是否会引致绿色企业逆向融资？——基于利率市场化与绿色企业特征双重视角 [J]．经济问题探索，2021（12）：149-159.

[4] 卞晨，初钊鹏，孙正林．环境规制、绿色信贷与企业绿色技术创新的政策仿真——基于政府干预的演化博弈视角 [J]．管理评论，2022，34（10）：122-133.

[5] 卜美文．企业家精神赋能可持续发展的影响机制研究 [J]．财经科学，2022（9）：75-90.

[6] 蔡海静，汪祥耀，谭超．绿色信贷政策、企业新增银行借款与环保效应 [J]．会计研究，2019（3）：88-95.

[7] 蔡海静，许慧．市场化进程、环境信息披露与绿色信贷 [J]．财经论丛，2011（5）：79-85.

[8] 蔡庆丰，王瀚佑，李东旭．互联网贷款、劳动生产率与企业转型——基于劳动力流动性的视角 [J]．中国工业经济，2021（12）：146-165.

[9] 曹廷求，张翠燕，杨雪．绿色信贷政策的绿色效果及影响机制——基于中国上市公司绿色专利数据的证据 [J]．金融论坛，2021，26（5）：7-17.

[10] 曾珍香，顾培亮，张闽．可持续发展系统及其定量描述 [J]．数量经济技术经济研究，1998（7）：34-37.

[11] 常树诚，郑亦佳，曾武涛，等．碳协同减排视角下广东省 $PM_{2.5}$ 实现 WHO-Ⅱ目标策略研究 [J]．环境科学研究，2021，34（9）：2105-2112.

[12] 陈道富．我国融资难融资贵的机制根源探究与应对 [J]．金融研

究，2015（2）：45-52.

［13］陈国进，丁赛杰，赵向琴，等．中国绿色金融政策、融资成本与企业绿色转型——基于央行担保品政策视角［J］．金融研究，2021（12）：75-95.

［14］陈立铭，郭丽华，张伟伟．我国绿色信贷政策的运行机制及实施路径［J］．当代经济研究，2016（1）：91-96.

［15］陈诗一，张建鹏，刘朝良．环境规制、融资约束与企业污染减排——来自排污费标准调整的证据［J］．金融研究，2021（9）：51-71.

［16］陈幸幸，史亚雅，宋献中．绿色信贷约束、商业信用与企业环境治理［J］．国际金融研究，2019（12）：13-22.

［17］陈艳利，毛斯丽．绿色信贷政策、企业生命周期与企业环保投资：基于重污染行业上市公司的经验证据［J］．产业组织评论，2020，14（4）：122-157.

［18］崔兴华，林明裕．FDI如何影响企业的绿色全要素生产率？——基于Malmquist-Luenberger指数和PSM-DID的实证分析［J］．经济管理，2019，41（3）：38-55.

［19］狄乾斌，陈小龙，侯智文．"双碳"目标下中国三大城市群减污降碳协同治理区域差异及关键路径识别［J］．资源科学，2022，44（6）：1155-1167.

［20］丁杰．绿色信贷政策、信贷资源配置与企业策略性反应［J］．经济评论，2019（4）：62-75.

［21］丁宁，任亦侬，左颖．绿色信贷政策得不偿失还是得偿所愿？——基于资源配置视角的PSM-DID1成本效率分析［J］．金融研究，2020（4）：112-130.

［22］董竹，金笑桐．非平稳性股利政策会促进企业创新吗？——基于我国上市公司的经验证据［J］．产业经济研究，2021，114（5）：128-142.